제과기능장의

명품 브레드 마스터 클래스

Luxury Bread Master Class

박종원·오동환·강소연
정성모·윤두열·이득길

(주)백산출판사

Preface

빠르게 변화하는 시대 속에서 제과제빵 업체도 다양한 형태로 발전해 왔습니다.

최근 몇 년 사이에 소비자의 취향은 점차 다양해지고 1인 베이커리 전문점과 개인 베이커리 매장은 1만 8천 개로 규모가 훌쩍 커졌습니다.

이에 베이커리 산업에서는 다양한 산업의 발전과 인재 양성이 더욱 중요해지는 시기입니다. 베이커리 현장에서도 기술만으로 제품을 제조하는 단계는 한계에 다다랐습니다. 즉, 전문적인 제조방법, 재료 관리방법, 반죽법 등은 물론, 다양한 측면에서 비용 절감이 요구되고 있습니다.

이러한 측면에서 저자는 그간 현장에서 실무와 대학에서 강의 경험을 바탕으로 제빵 교재를 집필하였습니다.

본 교재는 교육현장에서 꼭 필요한 내용을 선별하여 체험할 수 있도록, 그리고 이 교재를 바탕으로 현장에서 레시피를 응용할 수 있도록 준비하였습니다.

스트레이트법, 오토리즈, 폴리시, 루탕종법, 탕종법 등 제빵법을 다양화하여 교육기관과 산업체에서 적용하거나 활용할 수 있는 냉장법과 냉동 반죽법을 제안하고, 다양한 냉동빵 실습을 제시하여 현장에서 필요한 인재로 실력을 키워나가기 위한 실습 교재를 만들었습니다.

Professional Bread

책을 준비하면서 원고를 여러 번 수정하고 제품 사진을 직접 준비하다 보니, 여름 방학이 너무 빠르게 지나갔습니다. 모든 저자가 힘을 모아서 준비하였지만, 부족한 부분은 보완하고 더욱 연구하여 제과제빵을 공부하는 학생과 현업에 계신 분들 그리고 베이커리를 운영하시는 모든 분께 조금이나마 도움이 되길 바랍니다.

책에 사용된 재료는 대한제분의 재료를 협찬받아서 준비하였고, 코끼리 강력분, 곰표 중력분, 암소 박력분, 아빵드 T55, 아빵드 T65, 피트발효버터 등 다양한 대한제분 원료를 사용하였습니다. 지원해주신 대한제분 김성찬 팀장님과 대한제분 모든 관계자분께 감사드립니다.

마지막으로 책이 출판될 수 있도록 도와주신 백산출판사 모든 임직원분께도 다시 한번 감사의 마음을 전합니다.

저자 씀

Contents

I 제빵 이론

II 제빵 실습

Professional
Bread

I

제빵 이론

1 빵이란?

빵은 기본 재료 밀가루(강력분)에 이스트, 소금, 물을 넣고 반죽하고 이를 발효시킨 뒤 오븐에서 구운 것으로 생물학적 팽창으로 이스트를 사용하여 제품을 부풀린다.

1) 빵의 분류

(1) **식빵류**: 팬에 넣어 굽는 빵, 직접 굽는 빵, 평철판에 넣어 굽는 빵

(2) **과자빵류**: 단과자빵, 스위트 과자빵, 고배합 과자빵

(3) **특수빵류**: 두 번 굽는 제품, 찌는 제품, 튀기는 제품

(4) **조리빵류**: 이탈리아의 피자, 영국의 샌드위치, 미국의 햄버거 등 식사 대용의 빵

2 반죽 제법 분류

1) 스트레이트법(직접반죽법)

스트레이트법은 모든 재료를 한 번에 반죽하는 것으로 반죽 온도 27℃를 유지하며, 발효 시간은 1~3시간 정도다. 제과점에서 주로 사용하는 제법이다.

제빵 과정

(1) 배합표 작성/계량

재료를 배합표대로 정확하게 계량하여 준비한다.

(2) 반죽

온도 27℃, 시간 12~18분, 전 재료를 1단계에서 수화한다.

클린업 단계에 유지를 첨가하고 글루텐을 발전시킨다.

(3) 1차 발효

온도 27℃, 습도 75~80%, 시간 1~3시간

* 1차 발효 완료점: 부피가 2.5~3배 증가, 섬유질 상태 확인, 반죽을 손가락으로 찔렀을 때 오므라드는 정도로 파악한다.

(4) 분할

요구사항 중량(g)에 맞추어 15~20분 내로 분할한다.

100g 미만 분할은 손으로, 100g 이상은 도구를 이용하여 분할한다.

(5) **둥글리기**: 큰 기포를 제거하며 분할 시 절단된 면을 재정돈하여 공처럼 만든다.

(6) **중간 발효**: 온도 27~29℃, 습도 75%, 시간 15~20분

* 여름철에는 실온 발효, 겨울철에는 발효실 발효도 가능하다.

(7) **정형**: 정형 상태에 맞게 모양을 만든다.

(8) **팬닝**: 이음매가 아래를 향하게 하여 원하는 빵의 형태를 만든다.

(9) **2차 발효**: 온도 35~43℃, 습도 85~90%, 시간 30~60분

(10) **굽기**: 반죽의 크기, 재료의 배합, 제품 종류, 제품의 특징에 맞추어 오븐 온도와 시간을 조절하여 굽는다.

(11) **냉각**: 구워진 빵을 35~40℃로 식힌다.

2) 비상 스트레이트법(비상 반죽법)

비상 스트레이트법은 갑작스러운 주문이나 공정의 실수를 빠르게 대처할 방법으로 스트레이트법 또는 스펀지법을 변형한 방법으로 발효를 빠르게 촉진하여 공정시간을 단축하는 방법이다.

(1) **배합표 작성**: 스트레이트법 배합에서 비상 스트레이트법으로 변경하여 사용한다.

(2) 비상 반죽법의 필수조치와 선택조치

필수조치		선택조치
반죽 시간 20~30% 증가 반죽 온도 27℃→30℃ 증가 1차 발효 시간 15~30분	설탕 사용량 1% 감소↓ 물 사용량 1% 증가↑ 이스트 2배 증가↑	이스트 푸드 사용량 증가 소금 1.75% 감소 분유 감소 식초 첨가

① 물 1% 증가 시 반죽의 기계 작업성이 향상되며 이스트의 활성이 높아질 수 있다.

② 반죽 시간을 늘리면 반죽의 신장성과 가스 보유력이 커지고 발효속도도 빨라질 수 있다.

③ 현재는 기능사 시험 품목으로 사용하고 있고, 장점보다 단점의 효과가 크다.

(3) 비상 스트레이트법 장단점

장점	단점
비상시 대처가 가능함 제조 시간이 짧아 노동력 감소, 임금 절약	노화가 빠름 이스트 냄새가 남 부피가 고르지 못할 수 있음

3) 스펀지 도우법(중종법)

스펀지 도우법은 스펀지 반죽과 본반죽을 두 번 배합하며 중종법이라고도 한다.

제빵 과정

(1) 배합표 작성: 스펀지 반죽, 도우 반죽을 구분하여 계량한다.

① 스펀지에 밀가루를 증가하는 경우

스펀지 발효 시간 증가, 본반죽의 발효 시간과 반죽 시간 감소, 플로어타임 감소, 신장성 최대로 성형공정 개선, 부피 증가, 조직이 부드러워져 품질 우수, 풍미 증가

(2) 반죽

① 스펀지 만들기 (반죽 온도 23~24℃)

– 스펀지 반죽: 스펀지 재료를 저속으로 4~6분으로 픽업 단계까지 반죽을 만든다.

– 스펀지 발효: 발효 온도 27℃, 발효 습도 75~80%, 발효 시간 3~5시간 소요, 스펀지를 발효하는 동안 반죽의 팽창은 최고점까지 팽창되고 수축되는 스펀지 브레이크 현상이 일어난다. (과자빵은 2시간 전후, 식빵 배합은 4시간 전후 사용 가능함)

– 스펀지 발효 완료점: 부피 2.5~3배 증가, pH는 4.8, 내부온도 28~30℃, 반죽 표면은 유백색, 핀홀이 생김, 드롭현상(반죽 중앙이 오목하게 들어가는 현상)이 생길 때

* 스펀지는 발효 초기에 pH 5.5, 발효가 끝나면 pH 4.8로 떨어진다. 그리고 스펀지 내부온도가 5.6℃를 초과하지 않도록 한다.

② 본반죽 만들기 (반죽 온도 27℃)

– 본반죽: 발효된 스펀지 반죽과 본반죽용 재료를 모두 넣고, 8~12분 정도 최종 단계까지 반죽한다. 본 반죽에 최대한 물을 많이 흡수시키고 부드럽고 잘 늘어나는 상태까지 반죽하여 반죽을 완료한다.

(3) 플로어 타임 (2번째 발효 과정)

플로어 타임은 대형 공장과 제과점에서 다양한 방법으로 사용되고 있는 제법으로 반죽할 때 파괴된 글루텐층을 재결합시키기 위하여 10~40분 발효시킨다.

① 플로어 타임이 길어지는 원인

밀가루 단백질의 양과 질이 좋다. 본 반죽 온도가 낮고 시간이 길다. 본 반죽 상태가 좋지 못하다. 스펀지에 사용하는 밀가루 양이 적다.

② 스펀지 밀가루 양과 플로어 타임의 관계

스펀지 밀가루 양	플로어 타임
60%	40분
70%	30분
80%	20분

(4) 분할: 10~15분 내로 분할한다.

(5) 둥글리기: 큰 기포를 제거하며 분할 시 절단된 면을 재정돈하여 공처럼 만든다.

(6) 중간 발효: 온도 27~29℃, 습도 75%, 시간 15~20분

(7) 정형 및 팬닝: 이음매가 아래로 가도록 팬닝한다.

(8) 2차 발효: 온도 35~43℃, 습도 85~90%, 시간 60분가량

(9) 굽기: 반죽의 크기, 재료의 배합, 제품 종류에 따라 오븐 온도를 조절하여 굽는다.

(10) 냉각: 구워진 빵을 35~40℃로 식힌다.

4) 액체 발효법(액종법)

액체 발효법은 액종을 만들어 사용하며 스펀지 도우법 중 스펀지법에서 발생하는 단점들을 보완하기 위해 변형하여 만든 방법이다. 대량으로 빵을 생산하는 데 적합하고 중종법처럼 설비를 갖추지 않고도 노화가 느리며 기계 내성이 있는 빵을 만들 수 있다.

* 액종: 이스트, 이스트푸드, 물, 설탕, 분유 등을 섞어 2~3시간 발효한 것이다.

제빵 과정

(1) 배합표 작성

(2) 반죽

① 액종 만들기: 반죽 온도 30℃, pH는 4.2~5.0이 최적, 2~3시간 발효한다.

② 본반죽 만들기: 반죽 온도 28~32℃, 발효시킨 액종에 본 반죽 재료를 넣고 반죽한다.

(3) 플로어 타임: 15~30분

(4) 분할: 10~15분 내로 분할한다.

(5) 둥글리기: 큰 기포를 제거하며 분할 시 절단된 면을 재정돈하여 공처럼 만든다.

(6) 중간 발효: 발효 온도 27~29℃, 발효습도 75% 발효 시간 15~20분

(7) 정형 및 팬닝: 이음매가 아래로 가도록 팬닝한다.

(8) 2차 발효: 온도 35~43℃, 습도 85~90%, 시간 60분가량

(9) 굽기: 반죽의 크기, 재료의 배합, 제품 종류에 따라 오븐 온도를 조절하여 굽는다.

(10) 냉각: 구워진 빵을 35~40℃로 식힌다.

5) 연속식 제빵법

연속식 제빵법은 액체 발효법을 발전시켜 액종과 본반죽을 컨베이어 시스템으로 하나의 제조 라인을 통하여 이루어지는 방법으로 특수 장비와 원료 계량 장치로 이루어져 있고, 밀폐된 발효시스템 사용으로 산화제 사용이 필수이다.

* 정형 장치가 없으며 최소의 인원과 공간에서 생산할 수 있다.

■ 제빵 과정

(1) 배합표 작성

(2) 액체 발효기(탱크): 액종 재료를 넣고 섞어 27~30℃로 조절한다.

(3) 열교환기: 발효된 액종은 열교환기를 통과시켜 30℃로 조절하여 예비 혼합기로 보낸다.

(4) 산화제 용액기: 산화제를 용해하여 예비 혼합기로 보낸다.

(5) 쇼트닝 온도 조절기(쇼트닝 플레이크): 쇼트닝 플레이크를 용해(44.7~47.8℃)하여 예비 혼합기로 보낸다.

* 반죽의 평균온도가 41℃ 이상이기 때문에 45℃ 정도 높은 융점을 가진 쇼트닝 플레이크가 필요하다.

(6) 밀가루 급송 장치: 액체 발효에 들어간 밀가루를 뺀 나머지를 예비 혼합기로 보낸다.

(7) 예비 혼합기: 3~6번 공정에 들어가는 재료들을 골고루 섞어 디벨로퍼로 보낸다.

(8) 반죽기(디벨로퍼): 3~4기압에서 고속 회전시켜 글루텐을 형성시키고 분할기로 보낸다.

* 디펠로퍼에 냉각장치(열교환기)를 부착하여 반죽 온도를 27~28℃로, 컨베이어에서

플로어 타임을 주도록 설계되어 있다.

(9) **분할기 및 팬닝**: 분할기에서 자동으로 분할하여 팬닝으로 이어진다.

* 분할 속도는 분당 12~16회전이며, 1배치의 분할은 12~20분 이내로 한다.

(10) **2차 발효**: 온도 35~43℃, 습도 85~90%, 시간 40~60분

(11) **굽기**: 빵의 크기에 따라 오븐이 온도를 조절한다.

(12) **냉각**: 구워진 빵을 35~40℃로 식힌다.

* 연속식 제빵법에선 설비가 불필요하다.

6) 재반죽법

재반죽법은 스트레이트법 및 오토리즈법의 변형 방법이다. 모든 재료를 넣고 8%의 물을 남겨 발효 후 나머지 물을 넣고 반죽하는 방법이다.

제빵 과정

(1) **배합표 작성**

(2) **반죽**: 반죽 온도 25.5~28℃, 시간은 저속 4~6분

(3) **1차 발효**: 발효 온도 26~27℃, 발효습도 75~80%, 발효 시간 2~2.5시간

(4) **재반죽**: 온도 28~29℃, 1차 발효 반죽과 남은 물을 넣고 중속 8~12분으로 믹싱한다.

(5) **플로어 타임**: 15~30분

(6) **분할**: 10~15분 내로 분할한다.

(7) **둥글리기**: 큰 기포를 제거하며 분할 시 절단된 면을 재정돈하여 공처럼 만든다.

(8) **중간 발효**: 온도 27~29℃, 습도 75%, 시간 15~20분

(9) **정형 및 팬닝**: 이음매가 아래로 가도록 팬닝한다.

(10) **2차 발효**: 온도 35~43℃, 습도 85~90%, 시간을 평균 기준보다 15분 늘려준다.

(11) **굽기**: 반죽의 크기, 재료의 배합, 제품 종류에 따라 오븐 온도를 조절하여 굽는다.

(12) **냉각**: 구워진 빵을 35~40℃로 식힌다.

7) 노타임 반죽법

노타임 반죽법은 무발효 반죽법으로, 기본 스트레이트법으로 반죽하여 오랜 시간 고속 반죽을 진행하여 전체 공정시간을 줄인다. 발효를 대신하여 산화제와 환원제를 사용한 화학적 숙성으로 발효 시간을 단축한다.

(1) 산화제: 반죽의 신장 저항을 증대시킨다.

① 종류: 요오드칼륨(속효성 작용), 브롬산칼륨(지효성 작용)

② 역할: 밀가루 단백질의 S-H기를 S-S기로 변화시킨다.

(2) 환원제: 글루텐을 연화시키고 빵의 부피를 줄인다.

① L-시스테인: S-S결합을 절단하여 글루텐을 빠르게 재정돈하여, 혼합 시간을 단축할 수 있다.

② 프로테아제: 단백질 분해 효소이다.

8) 찰리우드법(초고속 반죽법)

찰리우드법은 스트레이트법의 일종이며 기계적 숙성 반죽법, 초고속 반죽기를 이용하여 반죽한다. 초고속 믹서로 반죽하여 숙성함으로써 플로어 타임 후 분할한다. 공정시간은 줄어들 수 있으나 발효 향이 떨어질 수 있다.

9) 오버나이트 스펀지법

오버나이트 스펀지법은 냉장고에서 12~36시간 발효시킨 스펀지를 사용한 방법으로 발효 시간이 길고 발효손실이 크다(3~5%). 발효 및 효소의 작용이 천천히 진행되어 가스와 반죽이 안정성 있어 발전에 도움을 주며 반죽의 신장성, 발효 향, 맛, 산미, 저장성 등이 아주 높아지게 되어 제품의 맛과 풍미가 좋다. 오버나이트 스펀지 반죽은 반죽 온도가 낮아 본반죽 믹싱 시 물 온도를 조절한다.

제빵 과정

(1) 반죽

① 스펀지 만들기: 온도 20~21℃, 보관온도 0~3℃, 시간 12~36시간 사용할 수 있다.

- 스펀지 반죽: 스펀지 재료를 저속으로 6~7분으로 클린업 단계까지 반죽을 만든다.
- 스펀지 발효: 온도 0~3℃, 시간 12~36시간, 보관 후 사용한다.

② 본반죽 만들기: 반죽 온도 24~27℃

- 본반죽: 발효된 스펀지 반죽과 본반죽용 재료를 모두 넣고, 최종 단계까지 8~12분 정도 반죽한다. 본반죽에 최대한 물을 많이 흡수시키고 부드럽고 잘 늘어나는 상태까지 반죽한다.

(2) 플로어 타임: 10~20분 발효하여 준다.

(3) 분할: 10~15분 내로 분할한다.

(4) 둥글리기: 큰 기포를 제거하며 분할 시 절단면을 재정돈하여 공처럼 만든다.

(5) 중간 발효: 온도 27~29℃, 습도 75%, 시간 15~20분

(6) 정형 및 팬닝: 이음매가 아래로 가도록 팬닝한다.

(7) 2차 발효: 온도 28~36℃ 발효습도 82~86% 시간 40~60분

(8) 굽기: 반죽의 크기, 재료의 배합, 제품 종류에 따라 오븐 온도를 조절하여 굽는다.

(9) 냉각: 구워진 빵을 35~40℃로 식힌다.

10) 냉동 반죽법

냉동 반죽법은 1차 발효 반죽을 -18~-25℃에 냉동 저장하여 이스트의 활동을 억제하고, 필요시 해동 후 사용할 수 있도록 반죽하는 방법이다. -40℃에서 급속냉동, -18~-25℃에서 냉동한 다음에 완만 해동을 준수해야 하며, 냉동 기간이 길수록 품질 저하가 나타나 2~3일 안에 사용하는 것이 좋다. 특히 저율 배합은 노화의 진행이 빨라 냉동처리에 주의해야 한다.

* 고율 배합 제품은 완만한 냉동에도 제조에 많이 이용된다.

냉동 반죽의 종류

(1) **벌크 냉동반죽**: 반죽을 크게 분할하여 냉동한 반죽으로 해동과정을 거쳐 분할 및 정형하는 반죽으로 최종제품의 품질이 안정적이지만 해동하는 시간이 오래 걸린다.

(2) **분할 냉동반죽**: 반죽을 분할 후 둥글리기한 냉동 반죽이다.

(3) **성형 냉동반죽**: 반죽에 충전물을 넣고 성형을 한 뒤 냉동한 반죽이다. 해동 후 2차 발효 과정만 거치면 되므로 시간, 인건비를 줄일 수 있다.

(4) **발효 냉동반죽**: 2차 발효 공정까지 마친 후 냉동한 반죽이다. 해동 과정 없이 바로 구울 수 있지만, 품질 유지가 어렵다.

(5) **반제품 냉동빵**: 오븐에서 반쯤 구운 상태에서 냉동한 반죽이다. 하스브레드에 주로 사용하는 방법이다.

(6) **완제품 냉동빵(파베이크)**: 완제품을 냉동 후 해동하여 재가열 후 바로 먹을 수 있다.

제빵 과정

(1) **배합표 작성**

- 유화제는 냉동 반죽의 가스 보유력을 높이는 역할을 한다.
- 물을 많이 사용하면 반죽이 퍼지고, 반죽 표면에 수분이 많아 해동 및 발효 상태가 좋지 않으며 성형 시 작업에 어려움이 있다.
- 소금과 개량제는 반죽의 안정성을 도모하기 위해 소량씩 늘려 사용한다.

(2) **믹싱**: 반죽 온도 18~24℃, 스트레이트법 또는 스펀지 도우법으로 믹싱한다.

(3) **1차 발효**: 발효 시간을 20분 정도로 짧게 하여 냉해를 방지한다.

(4) **분할**: 냉동할 반죽을 크게 분할하면 냉해를 입을 수 있어서 좋지 않다.

(5) **정형**: 작업실 온도를 낮추고 정형한다.

(6) **냉동**: 급속냉동(−40℃)을 한다.

* 이스트의 활동을 억제하기 위하여 급속냉동을 한다.(이스트 사멸 주의)

(7) **저장**: −25~−18℃에서 보관한다.

(8) **해동**: 작업 전날에 냉장고(2~8℃)에서 15~16시간 정도 완만하게 해동한다.

* 실온에서 자연해동 시 온습도 조절에 유의해야 한다. (여름철 겨울철 온도에 따라 해동 시간을 다르게 한다)
* 완만한 해동은 '최대 빙결정 생성대 통과 시간'을 길게 설정한다.

(9) 2차 발효: 온도 28~33℃, 습도 78~82%로 스트레이트법보다 낮은 조건에서 한다.

(10) 굽기: 스트레이트법처럼 굽기를 하지만 냉동 반죽의 컨디션에 따라 조절한다.

① 냉동 반죽의 가스보유력 저하 요인

- 해동 시 탄산가스 확산에 의한 기포 수가 감소한다.
- 냉동 시 탄산가스 용해도 증가에 의한 기포 수가 감소한다.
- 냉동과 해동 및 냉동 저장에 따른 냉동 반죽의 물성이 약화한다.

* 필요 시설: 급속냉동고, 도우 컨디셔너, 반죽 전용 냉장/냉동고

11) 냉장 반죽법

냉장 반죽법은 스트레이트법 또는 스펀지 도우법, 오버나이트 스펀지 도우법 반죽을 하며 탕종을 넣어 반죽할 수 있다. (−1~2℃, 12~40시간 냉장보관 후 사용)

냉장 반죽의 종류

(1) 벌크 냉장반죽: 반죽을 크게 분할하여 냉장한 반죽으로 해동과정을 거쳐 분할 및 정형을 하는 반죽으로 최종제품의 품질이 안정적이지만 냉장 시 반죽의 안쪽과 표면의 온도차가 생기며 중심부 온도와 표면 온도의 차이가 생기지 않도록 관리하여야 한다.

* 10~20분 자연해동 후 분할하여 사용한다.

(2) 분할 냉장반죽: 반죽 후 발효를 15~20분 후, 둥글리기한 냉장 반죽이다.

(3) 성형 냉장반죽: 반죽 후 발효를 15~20분 후, 둥글리기한 냉장 반죽으로 충전물을 넣고 성형하거나 충전물 없이 성형하여 냉장한다. 2차 발효를 줄여서 냉장한다.

* 발효 후 사용 가능하나 성형의 상태에 따라 모양이 일정하게 나오지 않을 수 있다.

* 큰 형태의 성형 반죽을 사용하는 것이 좋다.

(4) **발효 냉장반죽**: 반죽을 크게 분할하여 보관하고, 스펀지 및 오버나이트법 스펀지를 대체하여 사용할 수 있다. 주로 현장에서 발효종 및 발효 반죽으로 사용하며 모든 제과점에서 가장 많이 사용하는 방법이다.

제빵 과정

(1) 배합표 작성

* 물을 많이 사용할 수 있고, 냉장 보관할 때 마르지 않도록 주의한다.

(2) **믹싱**: 반죽 온도 18~24℃, 후염법으로 믹싱 시간을 단축하며, 스트레이트법이나 노타임 반죽법으로 믹싱한다.

(3) **1차 발효**: 발효 시간을 10~20분으로 하여 분할 및 성형 작업을 용이하게 한다.

(4) **분할**: 빠르게 분할하고, 냉장고를 구분하여 분할 반죽을 마르지 않도록 보관한다.

(5) **정형**: 작업실 온도를 낮추고 정형한다.

(6) **저장**: −1~2℃, 12~40시간 냉장 보관 한다. (냉장 반죽만 보관할 수 있도록 사용)

(7) **해동**: 작업 당일 실온에서 20~30분 정도 보관 후 차가운 냉기만 빠지면 18~20℃에서 작업한다. (실온 해동 시 여름철과 겨울철의 해동시간이 다르다.)

* 해동 후 재둥글리기는 반죽 상태를 꼭 확인하고 해동 시간을 감안해서 작업한다.

(8) **2차 발효**: 온도 28~32℃, 습도 78~82%로 한다. (발효 시간은 상태 및 작업 환경에 따라 조절하여 작업한다.)

(9) **굽기**: 스트레이트법처럼 굽기를 하지만 냉동 반죽의 상태에 따라 반죽의 색과 퍼짐이 좋아 주의하여 굽는다.

- 모든 제품은 냉장법이 가능하나 모양, 크기, 제조 방법, 믹싱법, 재료에 따라 시간, 온도 등 모든 과정을 조절하여 사용하여야 하며, 반죽의 특징을 염두에 두면서 작업 공정을 결정하여야 한다.
- 냉장 반죽만 보관하고 온도 편차가 없는 별도의 도우 냉장고가 필요하다. 도우 컨디셔너도 냉장제품 보관으로 조절하여 사용할 수 있다.

- 반죽의 일부를 보관해서 스펀지 또는 발효종처럼 사용할 수 있다. 하지만 당이 많이 들어가는 제품에는 적합하지 않을 수 있다. 냉장 반죽 관리는 외부 공기와 차단되어야 하고 반죽 온도를 빨리 낮추어 보관해야 반죽 상태의 편차를 줄일 수 있다.

3 반죽의 온도

반죽 온도는 평균 27℃, 스펀지의 온도는 평균 24℃로 맞추어야 이스트가 활성화하기에 알맞다. 반죽의 온도가 높으면 발효 속도가 촉진되고 반죽 온도가 낮으면 지연된다.

밀가루, 물의 온도, 작업실 온도에 따라 반죽 온도가 변화한다. 온도 조절이 가장 쉬운 물로 반죽 온도를 조절할 수 있다.

1) 제빵법에 따른 적합한 반죽 온도

(1) **스트레이트법**: 27℃

(2) **비상 스트레이트법**: 30℃

(3) **스펀지 도우법**: 스펀지 24℃ 도우 27℃

(4) **액체 발효법**: 액종온도 30℃

(5) **냉동 반죽법**: 20℃

2) 스트레이트법에서의 반죽 온도 계산

(1) **마찰계수**: (결과 온도×3)−(실내 온도+밀가루 온도+수돗물 온도)

(2) **사용할 물 온도**: (희망온도×3)−(실내 온도+밀가루 온도+마찰계수)

(3) **얼음 사용량**: $\dfrac{\text{물 사용량} \times (\text{수돗물 온도} - \text{사용할 물 온도})}{80 + \text{수돗물 온도}}$

3) 스펀지 도우법에서의 반죽 온도 계산

(1) 마찰계수: (결과 온도×4)-(실내 온도+밀가루 온도+수돗물 온도+스펀지 온도)

(2) 사용할 물 온도: (희망온도×4)-(실내 온도+밀가루 온도+마찰계수+스펀지 온도)

(3) 얼음 사용량: $\dfrac{\text{물 사용량} \times (\text{수돗물 온도} - \text{사용할 물 온도})}{80 + \text{수돗물 온도}}$

* 실내온도: 작업실 온도, 수돗물 온도: 반죽에 사용한 물의 온도, 결과 온도: 반죽이 종료된 후 반죽 온도

* 마찰계수: 반죽 중 마찰로 상승한 온도, 희망온도: 반죽 후 원하는 결과 온도

4) 고정값 반죽 온도 계산

(1) 반죽 온도 27℃: 57(고정값)-(밀가루 온도+수돗물 온도)=사용할 물 온도

(2) 반죽 온도 25℃: 62(고정값)-(밀가루 온도+수돗물 온도)=사용할 물 온도(통밀)

(3) 반죽 온도 22℃: 52(고정값)-(밀가루 온도+수돗물 온도)=사용할 물 온도(하드계열)

* (밀가루 1kg) 믹서기 기준이며, 레시피의 수율에 따라 믹싱 속도를 조절해야 한다.

* 저속에서 클린업 단계까지 믹싱한 다음, 고속으로 발전 후기까지 믹싱(수율에 따라 속도 조절)한 후 온도 체크하면서 반죽을 완성한다.

4 1차 발효

1) 발효의 의미와 목적

(1) 발효의 의미

물질 속에 효모, 박테리아, 곰팡이 같은 미생물이 당류를 먹고 사는 생물로서 존재한다. 고분자 전분 또는 자당을 저분자로 분해하기 위해 탄수화물 분해 효소를 이용하여 당류를 분해한 것이다.

(2) 발효의 목적

① 반죽의 팽창 작용: 이산화탄소의 발생으로 팽창 작용을 한다.

② 반죽의 숙성 작용: 효소가 작용하여 반죽을 부드럽고, 특유의 발효 향을 만든다.

③ 빵의 풍미 발달: 발효로 생성된 알코올, 유기산, 에스테르 등을 축적하여 독특한 맛과 향을 준다.

2) 발효(가스 발생력)에 영향을 주는 요소

이스트 양	이스트 양이 많으면 가스 발생량이 많아진다. 설탕이 충분할 때 이스트 양과 발효 시간은 반비례한다.
온도	반죽 온도가 0.5℃ 상승할 때마다 발효 시간은 15분 단축된다. 발효는 27℃ 근처에서 시작되며 38℃에서 이스트의 활성이 최대가 된다.
산도 (반죽의 pH)	발효속도는 pH5 근처에서 최대가 된다. 이스트 활동의 최적은 pH 4.6~5.5이다 pH 5.0: 지친 반죽, pH 5.7: 정상 반죽, pH 6.0 이상: 어린 반죽

3) 1차 발효 목적

(1) 반죽을 2~3.5배 부풀리기 위해서

(2) 빵 종류의 풍미와 맛을 증가시키기 위해서

(3) 반죽의 발전과 글루텐을 숙성시키기 위해서

* 1차 발효 조건: 27~28℃, 습도 75%가 가장 이상적이다.

4) 펀치(가스 빼기)

(1) 1차 발효하기 시작하고 반죽의 부피가 2/3 정도 되는 시점이 되면 반죽을 뒤집어 가스를 빼주는 과정으로 1차 펀칭은 발효가 60% 진행한 시점에 진행한다.

(2) 펀치의 목적: 반죽 온도를 균일하게 하고, 반죽에 신선한 산소를 공급한다. 이스트

의 활성과 숙성 및 발효를 촉진하여 시간을 단축하고 발효 속도를 일정하게 한다.

5) 발효 손실

발효 손실은 발효 뒤 반죽 무게가 줄어드는 현상으로, 배합률, 반죽 온도, 발효 시간, 발효실 온습도와 관련 있다. 1차 발효 손실률은 총반죽 무게의 2~3%이고, 2차 발효의 손실률은 7~9%이다.

스트레이트법은 전체 8~10%, 스펀지 도우법은 9~11%, 오버나이트 스펀지 도우법은 10~13%의 발효 손실이 생긴다.

(1) 발효 손실에 영향을 미치는 요인

영향을 미치는 요인	발효 손실이 적은 경우	발효 손실이 많은 경우
배합률	소금과 설탕이 많을수록	소금과 설탕이 적을수록
반죽 온도	짧을수록	길수록
발효 시간	낮을수록	높을수록
발효실 온도	낮을수록	높을수록
발효실 습도	높을수록	낮을수록

5 성형(분할, 둥글리기, 중간 발효)

성형은 1차 발효를 마치고 모양을 만드는 과정으로 분할, 둥글리기, 중간 발효, 정형, 팬닝으로 진행된다.

1) 분할(Dividing)

분할은 미리 정한 무게만큼 나누는 것으로 보통 15~30분 이내로 작업한다.

(1) 분할의 종류

① 기계 분할: 대량 생산 공장에서 사용하고, 부피에 의해 분할되며, 시간이 지체되면 반죽이 발효되어 나중에 분할된 반죽은 무게가 가벼워진다. 분할 속도는 분당 12~16회 전으로 하며, 지나치게 빠르면 기계가 마모되고 지나치게 느리면 반죽의 글루텐이 파괴된다. 반죽이 분할기에 달라붙지 않도록 유동파라핀 용액을 바른다.

기계 분할 시 반죽의 손상을 줄이는 방법

- 스트레이트법보다 스펀지 도우법이 손상이 적다.
- 피스톤식보다 가압식이 더 좋다.
- 밀가루의 단백질 함량이 높고 양질의 것이 좋다.
- 반죽은 흡수량이 최적이거나 약간 된 반죽이 좋다.

② 손 분할: 주로 소규모 빵집에서 분할하는 공정이다.

기계 분할에 비해 반죽을 더 부드럽게 다루고, 숙련도에 따라 시간에 차이가 생기고, 지나친 덧가루 사용은 빵에 줄무늬를 만든다. 반죽 온도가 낮아지거나 반죽의 표면이 마르지 않도록 관리하여 작업한다.

(2) 분할량 계산법

① 반죽의 적정 분할량=틀의 용적÷비용적

② 틀 용적의 결정

틀의 길이를 측정하여 용적을 계산하는 방법, 유채씨를 가득 채워 용적을 실린더로 재는 방법

③ 비용적

반죽 1g이 차지하는 부피로 단위는 ㎤/g을 사용한다. 산형 식빵은 3.2~3.4㎤/g, 풀먼형 식빵은 3.3~4.0㎤/g이다.

2) 둥글리기(rounding)

둥글리기는 분할한 반죽을 손이나 기계로 동그란 모양으로 둥글리는 것이다.

(1) 둥글리기 목적

① 분할로 흐트러진 글루텐 구조를 재정돈 한다.

② 분할로 상처받은 반죽을 회복시키고 새로운 표피를 만드는 것이다.

③ 반죽의 절단면의 점착성을 줄여서 표면에 얇은 막을 형성시키고 끈적거림을 제거한다.

④ 정형 작업을 용이하게 만든다.

(2) 둥글리기 방법

① 자동: 기계를 사용하는 방법으로 라운더(Rounder)를 사용한다.

② 수동: 100g 미만 분할 반죽은 손에서 둥글리고, 100g 이상 분할은 작업대에서 한다.

(3) 반죽의 끈적거림을 제거하는 방법

① 적정량의 덧가루를 사용한다.

② 최적의 발효 상태를 유지한다.

③ 반죽에 유화제를 사용한다.

(4) 주의할 점: 덧가루가 과다하면 제품의 줄무늬가 생기고 이음매의 봉합이 이루어지지 않아 발효 중 모양이 흐트러질 수 있고, 미발효 반죽은 단단하게 하며 중간 발효를 길게 하고 과발효 반죽은 느슨하게 둥글려서 중간 발효를 짧게 해야 한다.

3) 중간 발효(Intermediate proofing)

중간 발효란 둥글리기가 끝난 반죽을 정형 공정에 들어가기까지 짧은 시간 동안 휴식을 주는 방법이며 벤치 타임(Bench Time)이라고도 한다. 대규모 공장에서는 오버헤드 프루퍼(Overhead Proofer)라고도 한다.

(1) 중간 발효 목적

① 둥글리기 과정에서 손상된 글루텐 조직의 구조를 재정돈 한다.

② 가스 발생으로 반죽의 유연성을 회복시킨다.

③ 탄력성과 신장성을 회복시킴으로 정형 과정에서 밀어 펴는 작업을 도와준다.

(2) 중간 발효 방법

① 차갑지 않은 작업대에 놓거나 실내조건이 안 맞을 경우 발효실에 넣기도 한다.

② 둥글리기 완료 후 반죽 위에 비닐이나 젖은 헝겊을 덮어 마르지 않도록 한다.

(3) 중간 발효 조건

① 온도: 27~29℃

② 습도: 75~80%

③ 시간: 10~15분

④ 부피: 1.7~2.0배

⑥ 정형, 팬닝, 2차 발효

1) 정형(Molding)

정형은 중간 발효가 끝난 반죽을 일정한 모양으로 만드는 작업과정이다.

(1) 정형 공정

① 밀기: 중간 발효된 반죽을 밀대로 밀어 가스를 빼고 일정하고 균일한 두께로 만든다.
말기: 적당한 압력을 주면서 고르게 말거나 접는다.

② 봉하기: 2차 발효 시 벌어지지 않도록 이음매를 단단하게 봉한다.
– 정형 시 작업실 조건: 온도: 27~29℃, 습도: 75%

2) 팬닝

성형이 다 된 반죽을 틀이나 철판에 넣는 작업 과정으로 팬닝 시 팬의 온도는 32℃가 적당하다. 팬의 온도가 반죽보다 낮으면 2차 발효 시간이 지연될 수 있다.

(1) 주의할 점

① 팬의 온도를 고르게 할 필요가 있다.

② 반죽의 이음매는 팬의 바닥에 놓아야 한다. (이음매가 벌어지는 것을 방지)

③ 반죽의 무게와 상태를 정하여 비용적에 맞추어 반죽의 양을 팬닝한다.

④ 팬기름을 많이 바르면 빵 껍질이 두꺼워지고 색이 어두워진다.

(2) 팬기름(이형제, 이형유)

① 팬기름 사용 목적: 반죽을 구운 후 팬과 제품이 잘 떨어지게 하기 위함이다.

② 팬기름 종류: 유동파라핀, 식물유(면실유, 대두유, 땅콩기름), 혼합유

③ 팬기름이 갖춰야 할 조건

- 이미, 이취를 갖고 있지 않은 것이어야 한다.
- 무색, 무취를 띄는 것이 좋다.
- 산패에 잘 견디는 안정성이 높아야 한다. (악취 방지)
- 반죽 무게의 0.1~0.2% 정도 팬기름을 사용해야 한다.

④ 팬 관리

- 팬을 물로 씻지 않고, 마른 천으로 닦아서 보관해야 한다.
- 팬 굽기: 이형유 또는 팬기름을 사용하여 280℃에서 1시간 구워 사용한다.

3) 2차 발효

2차 발효는 정형, 팬닝 과정을 거치는 동안 불완전한 상태의 반죽을 다시 회복시켜 바람직한 외형과 좋은 식감의 제품을 얻기 위하여 글루텐 숙성과 팽창을 도모하는 과정이다. 발효의 최종 단계이며, 재팽창의 기회를 주어 부드러움과 완제품 부피의 70~80%까

지 부풀린다. 반죽 온도, 상대습도, 발효 시간의 세 가지 요소에 의해 조절된다.

(1) 2차 발효의 목적

① 원하는 크기와 글루텐의 숙성을 위한 과정이며 식감을 만든다.

② 성형에서 가스 빼기가 된 반죽을 다시 부풀리는 과정이다.

③ 알코올, 유기산 및 그 외의 방향성 물질을 생성시키고 반죽의 pH를 떨어트린다.

④ 반죽의 신장성 증가로 오븐 팽창이 잘 일어나도록 한다.

(2) 2차 발효 조건

① 온도: 32~40℃, 습도: 85~95%

② 제품에 따른 2차 발효 온습도 비교

제품	온도	상대습도
일반적 조건	38℃ 전후	85~90%
식빵류, 단과자류	38~40℃	85~90%
하스브레드류	32℃	75~80%
도넛	32℃	65~75%
데니시페이스트리, 브리오슈	27~32℃	75~80%

③ 시간: 60분이 최적이다.

* 빵의 종류, 이스트의 양, 제빵법, 반죽 온도, 발효실의 온습도, 숙성도, 단단함, 성형 할 때 가스 빼기 정도 등 여러 영향을 받으므로 반죽의 발효 상태를 고려하여 2차 발효 시간을 결정한다.

④ 2차 발효 조건과 결과

	2차 발효 조건	제품에 나타난 결과
온도	저온일 때	발효 시간이 길어진다. 제품의 겉면이 거칠어진다. 풍미의 생성이 충분하지 않다.
	고온일 때	껍질이 질겨지며 속과 껍질이 분리된다. 반죽막이 두꺼우며 오븐 팽창이 나쁘다. 발효속도가 빠르고, 반죽이 산성이 되어 세균의 번식이 쉽다.
습도	습도가 낮을 때	팽창이 저해되며, 껍질색이 불균일하기 쉽다. 제품의 윗면이 터지거나 갈라진다. 얼룩이 생기기 쉽고 광택이 부족하다. 반죽에 껍질 형성이 빠르게 일어난다.
	습도가 높을 때	제품의 윗면이 납작해진다. 껍질에 수포가 생기며 질겨진다. 반점이나 줄무늬가 생긴다.
발효	발효가 부족 (어린 반죽)	속결은 조밀하고 조직은 가지런하지가 않다. 껍질에 균열이 일어나기가 쉽다. 글루텐의 신장성이 충분하지 못하여 부피가 작다. 껍질의 색이 진하고 붉은색이 돈다.
	발효가 지나침 (지친 반죽)	부피가 너무 크다. 껍질색이 여리며 껍질이 두껍다. 기공이 거칠고 조직과 저장성이 나쁘다. 과다한 사의 생성으로 향이 강하다.

7 굽기

굽기는 제빵공정에서 최종적인 가치를 결정하는 가장 중요한 단계로 새로운 물질들이 형성되어 바람직한 껍질색과 풍미가 생긴다. 반죽이 빵으로 구워질 때는 공급된 열의 양, 오븐의 습도, 굽는 시간 같은 모든 반응이 적절한 순서로 발생한다. 굽기 방식에는 복사(빵의 윗면), 대류(빵의 옆면), 전도(빵의 밑면)가 있다.

1) 굽기의 목적

(1) 껍질에 구운 색을 내어 맛과 향을 증진한다.

(2) 전분을 α화하여 소화가 잘되는 빵을 만든다.

(3) 발효에 의해 생긴 탄산가스를 열 팽창시켜 빵의 부피를 갖추게 한다.

2) 굽기 중 일어나는 반죽의 변화

(1) 오븐 팽창(oven spring): 반죽 온도가 49℃에 도달하면 짧은 시간 내에 반죽이 급격히 부풀어 처음 크기의 약 1/3 정도 팽창하는 것을 말한다.

① 49℃부터 가스압 증가, 탄산가스가 증발하면서 오븐스프링이 일어난다.

② 79℃부터 용해 알코올이 증발하여 빵에 특유의 향이 발생한다.

(2) 오븐 라이즈: 반죽의 내부 온도가 아직 60℃에 이르지 않은 상태로, 반죽 온도가 조금씩 오르고 반죽의 부피가 조금씩 커진다.

(3) 전분의 호화

굽기 과정 중 전분 입자는 54~60℃에서 호화되기 시작해서 70℃ 전후에 이르면 유동성이 급격히 떨어지며 호화가 완료된다. 첫 번째 호화는 약 60℃에서 시작, 두 번째 호화는 74℃에서 발생, 마지막 호화는 85~100℃로 크게 세 단계로 완성된다.

(4) 단백질 변성: 온도가 74℃가 넘으면 단백질이 굳기 시작하여 호화된 전분과 함께 빵의 구조를 형성한다.

* 단백질 변성은 글루텐이 응고되는 것이다. (글루텐응고 시작 온도 74℃)

(5) 효소 작용: 전분이 호화되기 시작하면서 효소가 활성화하기 시작한다.

① α-아밀라제: 65~95℃에서 불활성

② β-아밀라제: 52~72℃에서 불활성

③ 이스트: 60℃가 되면 사멸하기 시작함

(6) 향

① 향의 발달: 향은 주로 껍질에서 생성되어 빵 속으로 침투되고 흡수되어 형성된다.

② 향의 원인: 사용재료, 이스트에 의한 발효 산물, 화학적 변화, 열반응 산물

③ 향에 관여하는 물질: 알코올류, 유기산류, 에스테르류, 케톤류

(7) 껍질의 갈변화: 캐러멜화와 메일라드 반응으로 껍질이 진하게 갈색으로 나타나는 현상이다.

① 캐러멜화 반응: 당류가 160~180℃의 높은 온도에 의해 갈색으로 변하는 반응

② 메일라드 반응: 당류에서 분해된 환원당과 단백질에서 분해된 아미노산이 결합하여 껍질이 연한 갈색으로 변하는 반응이다. 130℃에서 진행되며 캐러멜화에서 생성되는 향보다 중요한 역할을 한다.

* 오븐 라이즈→오븐 팽창→전분 호화→단백질 변성→효소 활동→향/껍질 생성

3) 굽기 과정에서 생기는 반응

(1) 물리적 반응

① 반죽 표면에 얇은 막을 형성한다.

② 반죽 안의 물에 용해되어 있던 가스가 유리되어 기화한다.

③ 반죽 안에 포함된 알코올이 휘발하고 탄산가스의 열이 팽창하며 수분의 증기압이 일어난다.

(2) 화학적 반응

① 전분의 호화: 수분을 빼앗아 글루텐을 응고시킨다.

② 메일라드 반응과 캐러멜화 반응을 일으킨다.

③ 전분은 일부 덱스트린으로 변화한다.

(3) 생화학적 반응

① 60℃까지: 효소작용이 활발하고 휘발성도 증가하여 반죽 전체가 부드러워진다.

② 60℃에 가까워지면 이스트가 사멸하기 시작하고 전분이 호화되기 시작한다.

③ 74℃부터 글루텐이 굳기 시작하고 전분이 호화되면서 글루텐과 결합하고 있던 수분까지 끌어간다.

(4) 물의 분포와 이동: 오븐에서 꺼내면 수분의 급격한 이동이 일어나는데 표면에서의 계속적인 수분 증발은 빵의 냉각 촉진에는 도움이 되지만 제품의 중량을 감소시킨다.

4) 굽기 단계

(1) 1단계: 처음 굽는 시간의 25~30%로 부피가 급격히 커지는 단계이다.

(2) 2단계: 35~40%는 표피가 색을 띠기 시작하는 단계이다.

(3) 3단계: 마지막 30~40%는 중심부까지 열이 전달되어 안정되는 단계이다.

5) 굽기 손실

구워진 빵은 분할한 반죽의 중량보다 가벼워진다.

(1) 손실의 원인: 발효 시 생성된 이산화탄소, 알코올과 휘발성 물질 증발과 수분 증발을 들 수 있다.

(2) 손실을 주는 요인: 배합률, 굽는 온도, 굽는 시간, 제품의 크기와 형태

(3) 굽기 손실 계산법

$$\text{굽기 손실 비율(\%)} = \frac{\text{반죽 무게(DW)} - \text{빵 무게(BW)}}{\text{반죽 무게(DW)}} \times 100$$

(4) 제품별 굽기 손실

풀먼식빵: 7~9%, 단과자빵: 10~11%, 일반식빵: 11~13%, 하스브레드류: 20~25%

6) 제품에 나타나는 결과

원인	제품에 나타나는 결과
과도하게 높은 오븐 온도	언더베이킹이 되기 쉽다. 빵의 부피가 작고 굽기 손실 비율도 낮다. 옆면이 약하고 겉면이 거칠다. 껍질이 급격히 형성되며 껍질색이 진하다.
과도하게 낮은 오븐 온도	빵의 부피가 크고 굽기 손실 비율도 높다. 구운 색이 엷고 광택이 부족하다. 껍질이 두껍고 퍼석한 식감이 난다. 풍미도 떨어진다.
과량의 증기	오븐팽창이 좋아 빵의 부피를 증가시킨다. 껍질이 두껍고 질기다. 표피에 수포가 생기기 쉽다.
부족한 증기	껍질에 균열이 생기기 쉽다. 껍질색이 균일하지 않으며 광택이 부족해진다.
부적절한 열 분배	고르게 익지 않으며 자를 때 빵이 찌그러지기 쉽다. 오븐 내의 위치에 따라 굽기 상태가 일정하지 않다.
팬 간격이 가까울 때	부피가 커지면서 제품끼리 붙을 수 있다. 제품당 열 흡수량이 적어져서 잘 익지 않을 수 있다.

7) 브레이크와 슈레드

브레이크(Break)는 빵이 차고 올라오는 성질, 팽창력 등을 의미하고 슈레드(Shred)는 빵의 결, 탄력성을 말한다.

Professional
Bread

II
제빵 실습

뺑드 세이글 호밀 100%

호밀 스타터(g)

호밀	50
물	50

제조 공정

1 살균된 유리병에 넣어 섞은 후 24시간 정도 발효한다. (반죽 온도 25℃, 실내 온도 27℃)

2 중간에 소독된 수저로 저어준다.

호밀 2일차(g)

호밀	80
물	80
호밀 스타터	50

제조 공정

1 살균된 유리병에 넣어 섞은 후 뚜껑을 닫아 20시간 정도 발효한다. (반죽 온도 25℃, 실내 온도 27℃)

2 중간에 소독된 수저로 저어준다.

호밀 3일차(g)

호밀	80
물	80
호밀 2일차	50

제조 공정

1 살균된 유리병에 넣어 섞은 후 뚜껑을 닫아 16시간 정도 발효한다. (반죽 온도 25℃, 실내 온도 27℃)

2 중간에 소독된 수저로 저어준다.

호밀 4일차(g)

호밀	80
물	80
호밀 3일차	50

제조 공정

1 살균된 유리병에 넣어 섞은 후 뚜껑을 닫아 12시간 정도 발효한다. (반죽 온도 25℃, 실내 온도 27℃)

2 중간에 소독된 수저로 저어준다.

호밀 5일차(g)

호밀	80
물	80
호밀 4일차	50

제조 공정

1 살균된 유리병에 넣어 섞은 후 뚜껑을 닫아 6~8시간 정도 발효한다. (반죽 온도 25℃, 실내 온도 27℃)

2 중간에 소독된 수저로 저어준다.

3 5일차 호밀 르방으로 호밀빵에 넣어 만든다.

4 5일차 르방 배합으로 리프레시 한다.

본반죽(g)

호밀	300
호밀 르방	250
소금	6
꿀	10
물(38℃)	280

제조 공정

1 믹싱볼에 넣어 1단에서 1분, 2단에서 1분 주걱으로 혼합하여 1시간 30분간 1차 발효한다. (반죽 온도 33℃)

2 분할하여 둥글리기 후 반느통 틀에 넣고 2차 발효를 40분 정도 한다.

3 예열한 오븐에 260/260℃에서 스팀을 준 다음 5분 후 220/210℃로 내려 35분 정도 구워 완성한다.

100% 통밀빵 스트레이트법

반죽(g)

통밀	1,000
소금	20
몰트	10
생이스트	30
올리브 오일	40
물	660

제조 공정

1 전 재료를 믹싱 볼에 넣어 1단에서 클린업 단계까지 혼합 후 2단에서 최종 단계까지 6~8분 정도 믹싱한다. (반죽 온도 27℃)

2 반죽에 랩을 씌워 실온에서 30분 정도 지나서 폴딩한 다음, 랩을 씌워 1시간 20분 정도 1차 발효한다. (반죽이 2.5~3배 부풀 때까지)

3 250~500g씩 분할하여 둥글리기 한다.

4 15~20분 동안 중간 발효한다.

5 원로프 형태로 성형하여 캔버스 천에 옮겨 놓거나 중량이 큰 것은 둥글리기 하여 반느통 틀에 팬닝한다.

6 30분 정도 2차 발효 후 실패드에 옮긴 다음, 쿠프를 넣고 240/240℃로 예열된 오븐에서 스팀을 준 다음 18~30분 정도 구워낸다.

100% 통밀빵 오토리즈법

오토리즈(g)

통밀	600
물	540

제조 공정

1 전 재료를 믹싱 볼에 넣어 1단에서 2~3분 정도 믹싱한 다음 30분~12시간 실온 및 냉장 휴지한다.

본반죽(g)

오토리즈 반죽	전량
통밀	400
소금	20
몰트	10
생이스트	30
올리브 오일	40
물	120

1 전 재료를 믹싱 볼에 넣어 1단에서 클린업 단계까지 혼합 후 2단에서 최종 단계까지 4분 정도 믹싱한다. (반죽 온도 27℃)

2 랩을 씌워 실온에서 30분 정도 지난 후 폴딩한 다음, 랩을 씌워 1시간 20분 정도 1차 발효한다. (반죽이 2.5~3배 부풀 때까지)

3 250~500g씩 분할하여 둥글리기 한다.

4 15~20분 동안 중간 발효한다.

5 원로프 형태로 성형하여 캔버스 천에 옮겨 놓거나 중량이 큰 것은 둥글리기 하여 반느통 틀에 팬닝한다.

6 30분 정도 2차 발효 후 실패드에 옮긴 후 쿠프를 넣고 240/240℃로 예열된 오븐에서 스팀을 준 다음 18~30분 정도 구워낸다.

100% 통밀빵 폴리시법

폴리시 반죽(g)

통밀	300
생이스트	3
물	300

제조 공정

1 물에 이스트를 풀어준다.
2 통밀을 혼합하여 매끄러울 때까지 주걱으로 혼합한다.
3 실온에서 1시간 정도 발효한다. (반죽 온도 27℃)

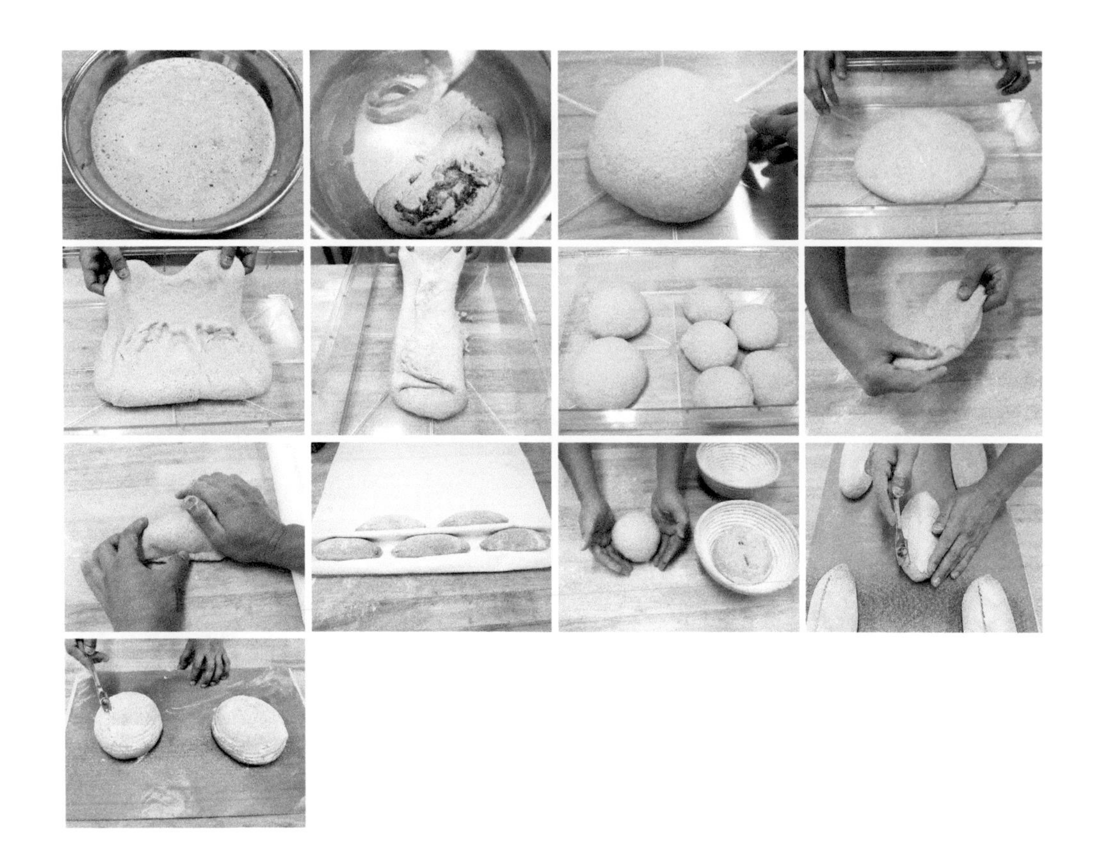

본반죽(g)

폴리시 반죽	전량
통밀	700
통밀	20
소금	27
몰트	10
올리브 오일	40
물	360

1 전 재료를 믹싱 볼에 넣어 1단에서 클린업 단계까지 혼합 후 2단에서 최종 단계까지 4분 정도 믹싱한다. (반죽 온도 27℃)

2 랩을 씌워 실온에서 30분 정도 지나서 폴딩한 다음, 랩을 씌워 1시간 20분 정도 1차 발효한다. (반죽이 2.5~3배 부풀 때까지)

3 250~500g씩 분할하여 둥글리기 한다.

4 15~20분 동안 중간 발효한다.

5 원로프 형태로 성형하여 캔버스 천에 옮겨 놓거나 중량이 큰 것은 둥글리기 하여 반느통 틀에 팬닝한다.

6 30분 정도 2차 발효하고 실패드에 옮긴 후 쿠프를 넣고 240/240℃로 예열된 오븐에서 스팀을 준 다음 18~30분 정도 구워낸다.

크라프트 루스틱 루 탕종법

탕종(g)

코끼리 강력분	150
소금	4
물	600

제조 공정

1 코팅 팬에 전 재료를 넣고 완전히 혼합한 다음, 약중불에서 서서히 저으면서 완전히 호화시킨다. (반죽 온도 85℃ 이상)

2 위생백에 담아 냉장고 하루 정도 보관 후 사용한다.

본반죽(g)

탕종 반죽	전량
코끼리 강력분	550
곰표 중력분	300
크라프트콘	100
소금	16
몰트	10
생이스트	36
물	320

충전물(g)

단호박	600
피자치즈	450
호박씨	120
바질 페스토	120

제조 공정

1 충전물을 제외한 모든 재료를 믹싱 볼에 넣어 최종 단계까지 믹싱한다.

2 30분 펀칭 후 1시간 정도 1차 발효한다.

3 200g씩 분할해서 둥글리기 한 다음, 15분 정도 중간 발효한다.

4 손으로 큰 기포를 뺀 다음 바질 페스토, 단호박, 피자치즈, 호박씨를 차례로 올려 원로프 형태로 말아 성형한다.

5 30~40분 2차 발효 후 쿠프를 내고 예열된 오븐에 스팀을 준 다음, 240/240℃에서 20분 정도 구워낸다.

크라프트 루스틱 오토리즈법

오토리즈(g)

아뺑그 T55	900
크라프트콘	100
물	700

제조 공정

1 전 재료를 믹싱 볼에 넣고 1단에서 2~3분 정도 믹싱한 다음, 볼에 옮겨 랩을 덮어 냉장고에서 40분 정도 휴지한다.

본반죽(g)

오토리즈 반죽	전량
소금	20
물	40
몰트	10
생이스트	36

충전물(g)

롤치즈	200
크랜베리	150

제조 공정

1. 오트리즈 반죽과 나머지 재료를 믹싱 볼에 넣어, 1단 1분, 2단 2분, 소금 투입, 2단 3~4분 정도 믹싱 후 충전 재료를 혼합한다. (반죽 온도 25℃)
2. 실온에 30분 방치한 후 펀칭, 실온에서 1시간 정도 발효하여 1차 발효를 마무리한다.
3. 150g씩 분할하여 20분 정도 중간 발효한 다음, 럭비공 형태로 성형한다.
4. 캔버스 천에 옮겨 30분 동안 2차 발효한다.
5. 반죽에 쿠프를 내고 240/240℃로 예열된 오븐에 스팀을 주고 20분 정도 구워낸다.

블랙 베이컨 토마토 깜빠뉴

반죽(g)

아뺑드 T-65	800
아뺑드 T-55	120
호밀가루	80
피자파우더	40
몰트	20
소금	18
생이스트	34
물	750

제조 공정

1 충전물을 제외한 모든 재료를 믹싱 볼에 넣고 최종 단계까지 믹싱한다. 충전물 재료(다진 할라피뇨와 베이컨을 1cm 크기로 자른 것)를 혼합하여 마무리한다. (반죽 온도 25℃)

2 1차 발효: 30분 폴딩 후 50분 동안 1차 발효한다.

3 200g씩 분할하여 15~20분 동안 중간 발효한다.

충전물(g)

할라피뇨	120
베이컨	150
절임 토마토	360

4 반죽을 가볍게 펴서 절임 토마토를 올리고 돌돌 만 다음, 성형하여 캔버스 천에 올리고 30~40분 동안 2차 발효한다.

5 반죽에 쿠프를 내고 240/240℃ 오븐에 스팀을 주고 18분 구워낸다.

쇼콜라 핫치즈 깜빠뉴

반죽(g)

아뺑드 T-55	880
호밀	80
코코아 분말	40
소금	20
피트 버터	20
몰트	20
생이스트	32
물	760

제조 공정

1 충전물을 제외한 모든 재료를 넣고 최종 단계까지 믹싱한 다음, 충전물을 섞어 마무리한다. (반죽 온도 25℃)

2 1차 발효: 30분 폴딩 후 60분 동안 1차 발효한다.

3 200g씩 분할하여 15~20분 동안 중간 발효한다.

충전물(g)

초코칩	150
할라피뇨	200
롤치즈	200

4 고구마 형태로 성형하고 캔버스 천에 올려 30~40분 동안 2차 발효한다.

5 2차 발효 후 쿠프를 넣고 240/240℃로 예열된 오븐에 스팀을 주고 18분 구워낸다.

바질 토마토 치즈 깜빠뉴

반죽(g)

아뺑드 T-65	750
아뺑드 T-55	150
호밀	100
몰트	20
소금	18
생이스트	32
물	730

제조 공정

1 충전물을 제외한 모든 재료를 믹싱 볼에 넣어 최종 단계까지 믹싱한다. (반죽온도 27℃)

2 30분 폴딩 후 50분 동안 1차 발효한다.

3 160g씩 분할하여 20분 동안 중간 발효한다.

충전물(g)

바질 페스토	220
크림치즈	330
드라이 토마토	660
그라노파다노 치즈	토핑용

4 반죽을 가볍게 펴 바질 페스토, 크림치즈, 토마토 순서로 올린 다음, 가볍게 말아 성형하여 이음새를 바닥으로 캔버스 천에 올려 30분 동안 2차 발효한다.

5 이음새가 위로 오게 하여 240/240℃로 예열된 오븐에 스팀을 주고 18분 구워낸다.

6 제품에 그라노파다노 치즈를 뿌려 마무리한다.

트로피컬 깜빠뉴

반죽(g)

아뺑드 T-65	750
아뺑드 T-55	150
호밀	100
몰트	20
소금	18
생이스트	32
물	730

제조 공정

1 세척한 건조 과일과 포도주를 볼에 담가 하루 정도 불린다. (같은 크기로 자른 후 사용)

2 충전물을 제외한 모든 재료를 믹싱 볼에 넣어 최종 단계까지 믹싱한다. (반죽온도 27℃)

3 30분 폴딩 후 50분 동안 1차 발효한다.

충전물(g)

무화과	330
오렌지 필	110
크랜베리	330
블루베리	220
건포도	220
포도주	300
호두 분태	330

4 160g씩 분할하여 20분 동안 중간 발효한다.

5 가볍게 펴 전처리한 건과일 100g씩과 호두 분태 30g씩을 넣어 말아 성형하여 캔버스 천에 올려 30분 동안 2차 발효한다.

6 2차 발효 후 쿠프를 넣고 240/240℃ 오븐에 스팀을 주고 18분 구워낸다.

밀눈 무화과 깜빠뉴

오토리즈(g)

코끼리 강력분	600
대한제분 밀눈	150
물	570

제조 공정

1 전 재료를 믹싱 볼에 넣고 1단에서 2분 정도 믹싱하여 냉장고에서 6시간 동안 휴지한 다음, 본 반죽에 사용한다.

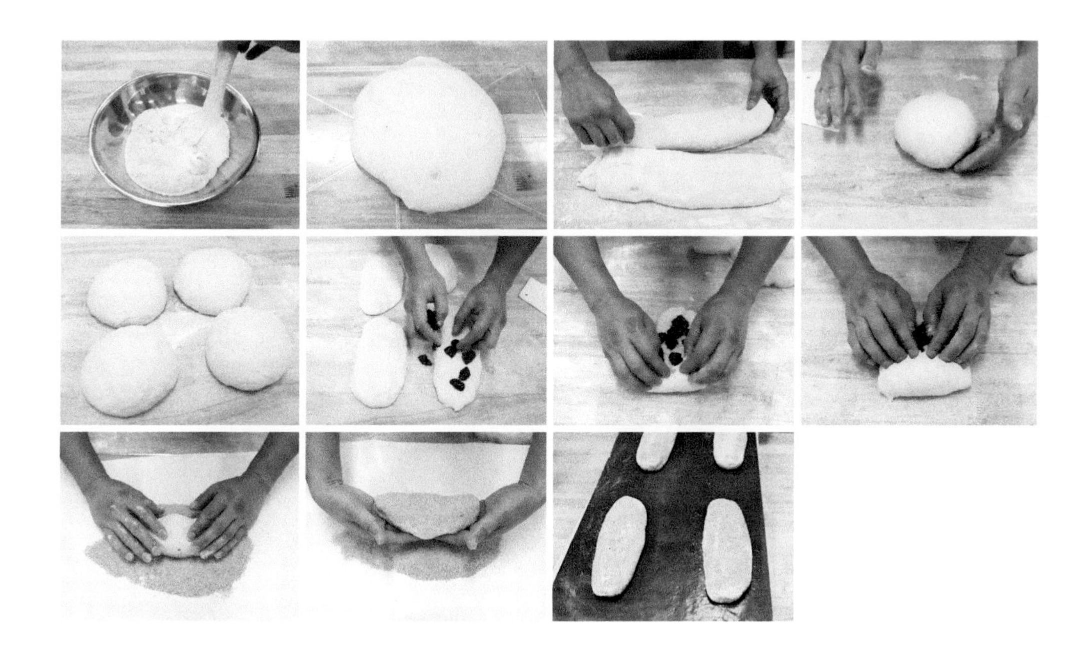

본반죽(g)

오토리즈 반죽	전량
코끼리 강력분	250
설탕	110
피트 발효버터	100
소금	20
생이스트	32
달걀	110
물	20

충전물(g)

무화과	380

제조 공정

1. 전 재료를 넣고 최종 단계까지 믹싱하여 반죽을 완성한다. (반죽 온도 27℃)
2. 1차 발효 50분~1시간, 200g으로 분할한 다음, 15~20분 동안 중간 발효한다.
3. 반죽을 손바닥으로 가볍게 펴서 무화과를 골고루 충전한 다음, 원로프로 말아 성형하여 밀눈을 묻힌다.
4. 캔버스 천에 옮겨 20분 동안 2차 발효한다.
5. 실리콘 페이퍼에 옮겨 쿠프를 넣고 240/240℃ 오븐에 스팀을 주고 18분 구워낸다.

시금치 바게트 오토리즈법

오토리즈((g)

아뺑드 T-65	500
아뺑드 T-55	200
시금치(선인)	300
물	350

제조 공정

1 전 재료를 믹싱 볼에 넣고 1단에서 2분 정도 믹싱한 다음, 스테인리스 볼에 옮겨 담아 냉장고에서 30분 휴지한다.

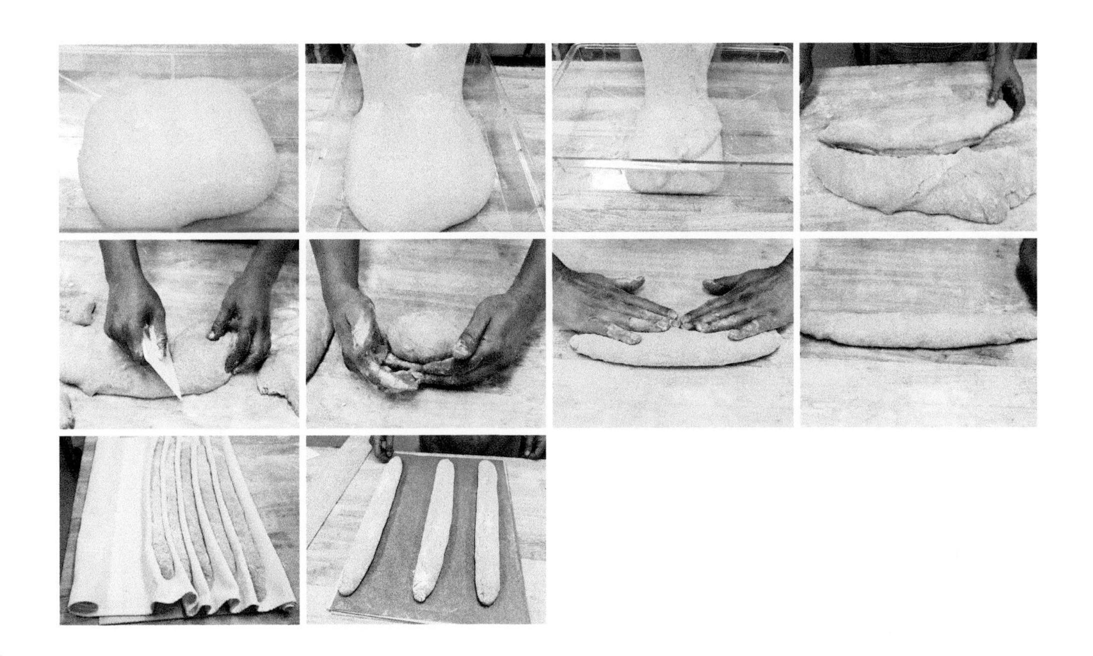

본반죽(g)

오토리즈 반죽	전량
아빵드 T-55	300
소금	18
몰트	20
생이스트	36
물	300

제조 공정

1 전 재료를 믹싱 볼에 넣고 1단 2분, 2단 3~4분, 3단 1~2분 정도 돌린 후 반죽을 완성한다. (반죽 온도 25℃)

2 30분 후 펀칭하고 1시간 정도 1차 발효를 한다.

3 반죽을 310g씩 분할하여 타원형으로 둥글리기 하고 15~20분 정도 휴지한다.

4 바게트 형태로 셩형하여 캔버스 천에 옮겨 담는다.

5 30분 정도 2차 발효하여 쿠프를 넣고 250/250℃로 예열된 오븐에 스팀을 준 다음, 온도를 240/240℃로 내려 22분 정도 구워낸다.

시금치 피자 바게트 시금치 바게트 사용

반죽(g)

양파	1,000
베이컨	300
블랙 올리브	150
할라피뇨	150
피자소스	300
마요네즈	200
후추	적당량
피자치즈	적당량

제조 공정

1 바게트 양 끝을 자르고 반을 자른 다음 옆으로 가른다.

2 바게트의 넓은 절단면에 피자 소스를 적당히 바른다.

3 양파, 베이컨, 블랙 올리브, 할라피뇨를 적당한 크기로 자른 다음, 피자치즈와 마요네즈, 조미료, 후추 등을 넣고 버무린다.

4 3을 피자 소스를 바른 바게트 위에 올리고 토핑용 피자치즈를 올린 다음 팬닝한다.

5 220/190℃로 예열된 오븐에서 15~18분 정도 구워낸다.

시금치 포카치아 오토리즈법

오토리즈(g)

아뺑드 T-65	500
아뺑드 T-55	200
시금치 페스토(선인)	300
물	350

제조 공정

1 전 재료를 믹싱 볼에 넣고 1단에서 2분 정도 믹싱한 다음, 스테인리스 볼에 옮겨 담아 냉장고에서 30분 휴지한다.

본반죽(g)

오토리즈 반죽	전량
아뺑드 T-55	300
소금	18
몰트	20
생이스트	36
물	200
올리브 오일	200

충전물(g)

양파	500
블랙 올리브	250
후추	적당량
올리브 오일	적당량

제조 공정

1. 모든 재료를 믹싱 볼에 넣고 1단 2분, 2단 3~4분, 3단 1~2분 정도 돌린 후 올리브 오일을 조금씩 넣어 가며 반죽을 발전 후기까지 완성한다. (반죽 온도 25℃)
2. 30분 후 펀칭을 하고, 30분 발효하여 1차 발효를 마무리한다. (펀칭 시 올리브 오일을 조금씩 뿌려가며 한다.)
3. 2차 발효를 40분 동안 한 다음, 반죽에 올리브 오일을 바르고 손으로 가볍게 눌러가며 넓게 편다.
4. 양파, 블랙 올리브, 후추를 뿌리고 올리브 오일을 바른 다음, 260/230℃로 예열된 오븐에 스팀을 주고 18~20분 정도 구워낸다.

꾸지뽕 베이글

반죽(g)

코끼리 강력분	700
곰표 중력분	270
꾸지뽕 분말	30
소금	22
몰트	20
피트 버터	50
생크림	30
생이스트	30
물	670

제조 공정

1 모든 재료를 믹싱 볼에 넣고 1단 2분, 2단 4~5분, 3단 1~2분 돌린다. (최종 초기 단계 25℃)

2 1차 발효 30분 시점에 폴딩을 하고 다시 50분 정도 더 발효한다.

3 반죽을 120g씩 분할하고 15분 정도 중간 발효한다.

4 베이글 모양으로 성형한다.

5 발효실에서 15분 정도 2차 발효하고 끓는 물에 앞뒤로 8초씩 데친 다음, 팬에 팬닝하여 240/230℃에서 스팀을 주고 16~18분 정도 구워낸다.

올리브 월넛 베이글

반죽(g)

코끼리 강력분	800
곰표 중력분	200
소금	20
생이스트	36
설탕	70
피트 버터	50
물	590
식용유	60

충전물(g)

블랙 올리브	100
호두 분태	130

제조 공정

1. 충전물을 제외한 전 재료를 한꺼번에 투입하여 믹싱한다.
2. 발전 후기까지 반죽한 다음 충전물을 넣고 섞는다. (반죽 온도 27℃)
3. 반죽 부피가 처음의 2.5배 이상이 될 때까지 약 50분 동안 1차 발효한다. (온도 27℃, 습도 80%)
4. 반죽을 100g씩 분할하고 둥글리기 한 다음, 15분 정도 중간 발효한다.
5. 밀대로 밀어 펴기→접기→말기→도넛 모양으로 성형한다.
6. 20~25분 정도 2차 발효한다. (온도 35℃, 습도 85%)
7. 끓는 물에 앞 8초, 뒤 8초 정도 데치고 8개씩 팬닝한다.
8. 210/180℃에서 18~20분 정도 굽는다.
9. 식으면 반으로 잘라 크림치즈 충전물을 한쪽에 바르고 다른 한쪽에는 라즈베리 필링을 바른 다음, 하나로 덮어서 제품을 완성한다.

크림치즈 충전물(g)

퀘스크렘 레귤러 크림	420
슈가파우더	132
레몬즙	42
생크림	100

필링(g)

라즈베리 필링	적당량

제조 공정

1 크림치즈를 부드럽게 풀어준다.

2 나머지 재료를 순서대로 혼합하여 사용한다.

베이컨 치즈 에피

반죽(g)

아빵드 T-65	800
통밀	100
소금	18
몰트	10
아빵드 DHpro	10
생이스트	30
물	680

제조 공정

1 충전물을 제외한 모든 재료를 넣고 최종 단계까지 믹싱한다. (반죽 온도 27℃)

2 30분 후 폴딩한다.

3 50분 동안 1차 발효한다.

4 120g씩 분할하여 둥글리기 한다.

충전물(g)

크림치즈	330
베이컨	11개

5 15~20분 동안 중간 발효한다.

6 반죽을 23cm 길이로 민 다음, 베이컨을 넣고 크림치즈 짜준 후 말아준다.

7 2차 발효 20~30분 한 후 가위로 잘라 에피 모양을 만든다.

8 오븐에 스팀을 주고 240/230℃에서 16~18분 구워낸다.

롱 소시지 라우겐 프레첼

반죽(g)

아빵드 T-65	800
아빵드 T-55	200
설탕	20
소금	20
생이스트	46
아빵드 DHpro	10
물	320
우유	310
피트 버터	130
올리브 오일	50

제조 공정

1 전 재료를 발전 후기 단계까지 믹싱한다. (반죽 온도 24~25℃)

2 냉장고에서 30분 동안 1차 발효하고 150g씩 분할하여 둥글리기 한다.

3 냉장고에서 20분 동안 중간 휴지 후, 반죽을 소시지 길이로 밀어 펴서 바질 페스토, 크림치즈 크림, 소시지 순으로 올려 성형한다.

4 냉장고에서 20분간 휴지한다. (휴지하는 동안 소다 물을 만들어 냉장 보관한다)

충전물(g)

롱 소시지	13개
바질 페스토	260
크림치즈 크림	390

프레첼 소다 물(g)

물	700
가성소다	212
베이킹소다	40

5 성형한 반죽을 꺼내어 소다 물에 담그고 팬에 올린 후 칼집을 깊게 3번 정도 넣어준 후 소금을 약간 뿌린다.

6 230/200℃ 예열된 오븐에 스팀을 주고 190/160℃에서 16분 구워낸다. (컨벡션 210℃, 스팀 170℃)

제조 공정

1 전 재료를 스테인리스 볼에 혼합하여 연한 캐러멜색이 나올 때까지 끓인다.

2 플라스틱 통에 넣어 랩을 씌워 냉장고에 차갑게 해서 사용한다.

소금빵(시오빵)

반죽(g)

코끼리 강력분	560
암소 박력분	440
아빵드 DHpro	10
소금	20
설탕	30
탈지분유	20
피트 버터	50
노른자	36
생이스트	32
물	650

제조 공정

1 믹싱 볼에 부재료를 제외한 모든 재료를 넣고 저속 2분, 중속 10분간 최종 단계까지 믹싱한다. (반죽 온도 26℃)

2 실온에서 1시간 30분 정도 1차 발효한다.

3 60g씩 분할하여 중간 20분간 발효한다.

부재료(g)

발효 버터	480
게랑드 소금 or 펄 솔트(선인)	적당량

4 반죽을 원뿔 모양으로 밀어 펴서 발효 버터를 16g씩 짠 다음, 크루아상 형식으로 말아준다.

5 발효실에서 30분간 2차 발효한다.

6 반죽에 물을 분무하고 게랑드 소금(펄 솔트)을 뿌린다.

7 240/230℃로 예열된 오븐에 스팀을 주고 230/210℃로 내려 15~17분간 굽는다.

아몬드 크림 소금빵

반죽(g)

아뺑드 T-65	500
아뺑드 T-55	500
아뺑드 DHpro	10
소금	20
설탕	40
탈지분유	30
피트 버터	70
달걀	55
생이스트	32
물	620

부재료(g)

속 버터(피트 버터)	480
게랑드 소금 or 펄 솔트(선인)	적당량

제조 공정

1 믹싱 볼에 부재료를 제외한 모든 재료를 넣고 저속 2분, 중속 10분간 최종 단계까지 믹싱한다. (반죽 온도 26℃)

2 실온에서 1시간 30분 1차 발효한다.

3 60g씩 분할, 15분 중간 발효한다.

4 반죽을 원뿔 모양으로 밀어 펴서 파티시에 크림을 18g씩, 속 버터를 12g씩 짠 다음, 크루아상 형식으로 말아준다.

5 30분 동안 2차 발효한다.

6 제품 윗면에 아몬드 크림을 짠 다음, 게랑드 소금(펄 솔트)을 뿌린다.

7 240/230℃의 예열된 오븐에서 넣어 스팀을 주고 230/210℃로 내려 15~17분간 굽는다.

파티시에 크림(g)

설탕A	240
곰표 중력분	16
전분	16
노른자	216
우유	400
설탕B	60
럼	24
피트 버터	66

제조 공정

1 중력분과 전분을 체 친 다음, 설탕A와 혼합한다.

2 1에 노른자를 섞는다.

3 다른 볼에 우유와 설탕B를 혼합해 끓인다.

4 3을 2에 넣어 중불로 서서히 호화시킨다.

5 완전히 호화되었으면 버터와 럼을 넣고 혼합하여 완성한다.

아몬드 크림(g)

피트 버터	210
설탕	220
아몬드 분말	200
암소 박력분	10
달걀	110

제조 공정

1 버터를 포마드 상태로 만든 다음 설탕을 넣어 크림화한다.

2 달걀을 2~3번에 나누어 투입하고 100% 크림화하여 체 친 가루(아몬드 분말+박력분)를 혼합하여 완성한다.

쇼콜라 소금빵

반죽(g)

코끼리 강력분	560
암소 박력분	400
코코아 분말	40
아뺑드 DHpro	10
소금	20
설탕	30
탈지분유	20
피트 버터	50
노른자	36
생이스트	32
물	660

제조 공정

1 믹싱 볼에 부재료를 제외한 모든 재료를 넣고 저속 2분, 중속 10분간 최종 단계까지 믹싱한다. (반죽 온도 26℃)

2 실온에서 1시간 30분 동안 1차 발효한다.

3 60g씩 분할하여 중간 발효한다. (15~20분)

부재료(g)

속 버터(피트 버터)	480
게랑드 소금 or 펄 솔트(선인)	적당량

4 반죽을 원뿔 모양으로 밀어 펴고 속 버터를 16g씩 짠 다음, 크루아상 형식으로 말아준다.

5 2차 발효를 30분 동안 한다.

6 제품 윗면에 물을 분무한 후 게랑드 소금(펄 솔트)을 뿌린다.

7 240/230℃로 예열된 오븐에 넣어 스팀을 주고 230/210℃로 내려 15~17분간 굽는다.

쇼콜라 파티시에 소금빵

반죽(g)

코끼리 강력분	560
암소 박력분	400
코코아 분말	40
아뺑드 DHpro	10
소금	20
설탕	30
탈지분유	20
피트 버터	50
노른자	36
생이스트	32
물	660

제조 공정

1. 믹싱 볼에 부재료를 제외한 모든 재료를 넣고 저속 2분, 중속 10분간 최종 단계까지 믹싱한다.(반죽 온도 26℃)
2. 실온에서 1시간 30분 동안 1차 발효한다.
3. 60g씩 분할하여 중간 발효한다. (15~20분)

부재료(g)

속 버터(피트 버터)	480
게랑드 소금 or 펄 솔트(선인)	적당량

4 반죽을 원뿔 모양으로 밀어 펴고, 속 버터를 12g씩, 쇼콜라 파티시에 크림을 20g씩 짠 다음, 크루아상 형식으로 말아 준다.

5 2차 발효를 30분 동안 한다.

6 제품 윗면에 물을 분무한 후 게랑드 소금(펄 솔트)을 뿌린다.

7 240/230℃로 예열된 오븐에 넣어 스팀을 주고 230/210℃로 내려 15~17분간 굽는다.

쇼콜라 파티시에 크림(g)

설탕A	240
곰표 중력분	16
전분	16
노른자	216
우유	400
설탕B	60
럼	24
피트 버터	66
다크초콜릿	230

제조 공정

1 중력분, 전분을 체 친 다음, 설탕A와 혼합한다.

2 1에 노른자를 혼합한다.

3 다른 볼에 우유와 설탕B를 혼합해 끓인다.

4 3을 2에 넣어 중불로 서서히 호화시킨다.

5 완전히 호화되었으면 버터와 럼을 넣어 섞고, 바로 초콜릿을 혼합하여 쇼콜라 크림을 완성한다.

아몬드 쇼콜라 소금빵

반죽(g)

아뺑드 T-55	960
코코아 분말	40
아뺑드 DFpro	10
소금	20
설탕	40
탈지분유	30
피트 버터	70
달걀	55
생이스트	32
물	620

제조 공정

1 믹싱 볼에 부재료를 제외한 모든 재료를 넣고 저속 2분, 중속 10분간 최종 단계까지 믹싱한다. (반죽 온도 26℃)

2 실온에서 1시간 30분 동안 1차 발효한다.

3 60g씩 분할하여 중간 발효한다. (15~20분)

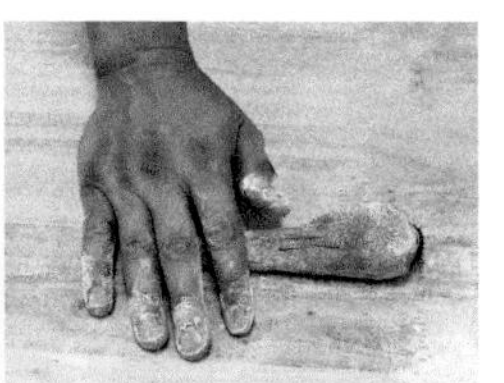

부재료(g)

피트 버터	480
게랑드 소금 or 펄 솔트(선인)	적당량

4 반죽을 원뿔 모양으로 밀어 펴고 속 버터를 16g씩 짠 다음, 크루아상 형식으로 말아준다.

5 2차 발효를 30분 동안 한다.

6 제품 윗면에 아몬드 크림을(아몬드 크림 소금빵 페이지 참조) 짜준 다음 청크를 올려준다.

7 240/230℃로 예열된 오븐에 넣어 스팀을 주고 230/210℃로 내려 15~17분간 굽는다.

아몬드 크림(g)

피트 버터	210
설탕	220
아몬드 분말	200
암소 박력분	10
달걀	110

제조 공정

1 버터를 포마드 상태로 만든 다음, 설탕을 넣어 크림화한다.

2 달걀을 2~3번에 나누어 투입하여 100% 크림화한 다음, 체친 가루(아몬드 분말+박력분)를 혼합하여 완성한다.

감자 치즈 뿌링클 브리오슈

반죽(g)

끼리 강력분	800
곰표 중력분	200
설탕	210
생이스트	52
아빵드 DHpro	18
소금	18
달걀	275
노른자	150
우유	360
피트 버터	320

부재료(g)

마늘치즈 시즈닝	적당량

제조 공정

1 믹싱 볼에 버터와 부재료를 제외한 모든 재료를 넣고 발전 단계 후기까지 믹싱한다.

2 버터를 3번에 걸쳐 혼합하여 최종 단계까지 믹싱한다. (반죽 온도 27℃)

3 1시간 정도 1차 발효한다.

4 70g씩 분할하고 둥글리기 하여 15분 정도 중간 발효한다.

5 팡도르 팬에 맞게 반죽을 밀어 펴고 가운데 감자 크림치즈를 80g 정도씩 짠 다음, 25분 정도 2차 발효한다.

6 2차 발효 후 웨지 감자를 올린다.

7 200/160℃에서 12~15분 정도 구워준다.

8 제품에 마늘 치즈 시즈닝을 뿌려 완성한다.

감자 크림치즈(g)

우유	810
퀘스크렘 레귤러 크림치즈	280
설탕	320
달걀	280
감자 분말	90

제조 공정

1 감자 분말과 설탕을 혼합한 후 달걀을 섞는다.

2 크림치즈를 부드럽게 풀어서 1에 혼합한다.

3 우유를 끓여서 2에 넣고 호화시켜 크림을 완성한다.

밀눈 크랜베리 식빵

오토리즈(g)

코끼리 강력분	600
대한제분 밀눈	150
물	570

제조 공정

1 전 재료를 믹싱 볼에 넣어 1단에서 2분 정도 믹싱 한 다음, 냉장고에서 6시간 휴지한다.

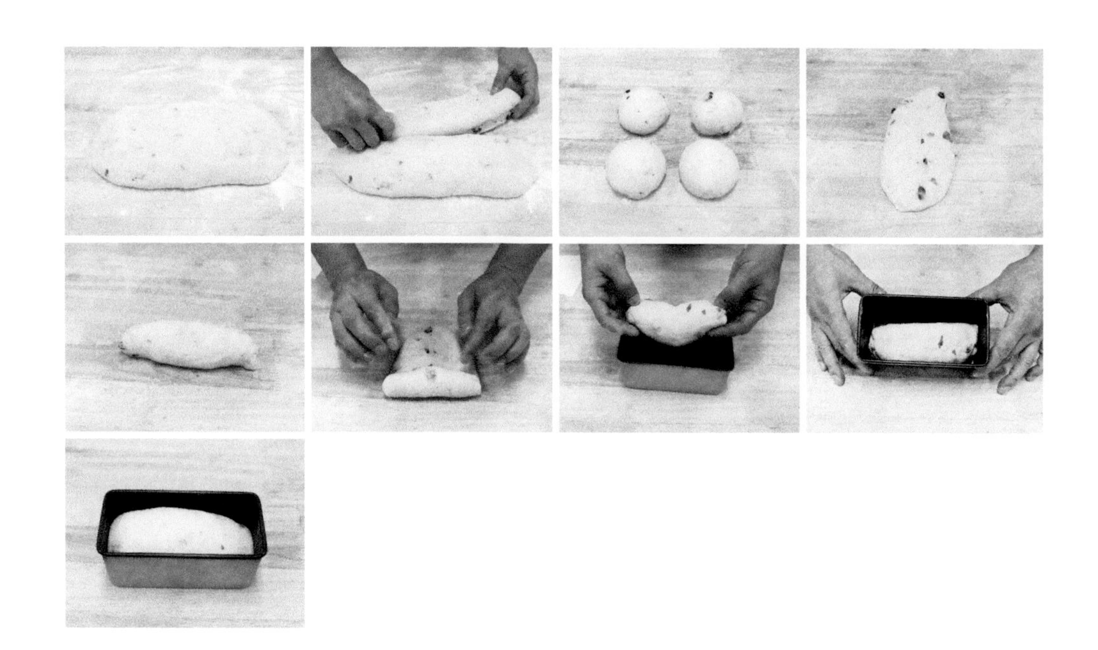

본반죽(g)

오토리즈 반죽	전량
코끼리 강력분	250
설탕	110
피트 버터	100
소금	20
생이스트	32
달걀	110
물	20
크랜베리	250

제조 공정

1. 믹싱 볼에 크랜베리를 제외한 모든 재료를 넣고 최종 단계까지 믹싱하고 크랜베리를 혼합한다. (반죽 온도 27℃)
2. 발효실에서 1시간 정도 1차 발효한 후 200g이나 480g으로 분할하여 둥글리기 한 다음, 중간 발효를 15~20분 한다.
3. 밀대로 밀어 원로프로 말아 성형하여 미니 식빵 틀이나 반느통 틀에 넣는다.
4. 반죽이 틀 높이+0.5cm 정도로 부풀 때까지 2차 발효한다. (약 30~40분)
5. 오븐에 넣어 180/180℃에서 10분, 160/180℃에서 15~20분 굽는다.

단호박 크림 브리오슈

반죽(g)

코끼리 강력분	800
곰표 중력분	200
설탕	210
생이스트	52
아뺑드 DHpro	18
소금	18
달걀	275
노른자	150
우유	360
피트 버터	320

제조 공정

1. 믹싱 볼에 버터를 제외한 모든 재료를 넣고 발전 단계 후기까지 믹싱한다.
2. 버터를 3번에 걸쳐 혼합하여 최종 단계까지 믹싱한다. (반죽 온도 27℃)
3. 1시간 정도 1차 발효한다.
4. 80g씩 분할하고 둥글리기 한 다음, 15분 정도 중간 발효한다.
5. 반죽을 타르트 팬에 맞게 밀어 펴고 가운데 단호박 크림을 80g 정도씩 짠 다음, 2차 발효를 25분 정도 한다.
6. 반죽 위에 단호박과 호박씨를 올린다.
7. 200/160℃에서 12~15분 정도 굽는다.

단호박 크림(g)

단호박	400
퀘스크렘 레귤러 크림치즈	130
생크림	130
설탕	100
전분	23
암소 박력분	15

제조 공정

1 단호박을 쪄서 체에 곱게 내리고 크림치즈를 부드럽게 풀어 준 다음, 나머지 재료를 혼합하여 약불에서 호화시켜 크림을 완성한다.

토핑(g)

단호박	1800
호박씨	적당량

제조 공정

1 단호박 안에 씨를 제거한 다음, 조각내어 오븐에 구워서 사용한다.

크림치즈 브리오슈 식빵

반죽(g)

코끼리 강력분	800
곰표 중력분	200
설탕	210
생이스트	52
아뺑드 DHpro	18
소금	18
달걀	275
노른자	150
우유	360
피트 버터	320

제조 공정

1 믹싱 볼에 버터를 제외한 모든 재료를 넣고 발전 단계 후기까지 믹싱한다.
2 버터를 3번에 걸쳐 혼합하여 최종 단계까지 믹싱한다. (반죽 온도 27℃)
3 1시간 정도 1차 발효한다.
4 180g씩 분할하고 둥글리기 하여 15분 정도 중간 발효한다.
5 반죽을 밀어 펴고 크림치즈 크림을 짠 다음, 원로프로 말아 미니 식빵 틀에 팬닝한다.
6 반죽이 틀 높이만큼 부풀 때까지 2차 발효한다.
7 오븐 온도 180/180℃에서 8분 정도 구운 다음, 윗불을 20℃ 내려 160/180℃에서 13분 정도 굽는다.

크림치즈 크림(g)

우유	720
설탕A	120
퀘스크렘 레귤러 크림치즈	300
설탕B	360
달걀	330
전분	60

제조 공정

1 크림치즈를 부드럽게 풀어 준다.

2 볼에 설탕B와 전분을 섞은 후 달걀에 섞는다.

3 1을 2에 넣어 섞는다.

4 우유와 설탕A를 끓인 후 3에 넣어 호화시켜 크림을 완성한다.

호두 모닝빵

반죽(g)

코끼리 강력분	1,000
설탕	180
소금	18
분유	20
아뺑드 DHpro	10
피트 버터	120
달걀	100
이스트	25
물	380~400
우유	100
구운 호두 분태	200

제조 공정

1 믹싱 볼에 호두 분태를 제외한 모든 재료를 넣고 100% 믹싱 한 다음, 호두를 넣고 저속으로 가볍게 섞는다.

2 50~60분 동안 1차 발효한다.

3 반죽을 100g씩 분할한다.

4 10~15분 동안 중간 발효한다.

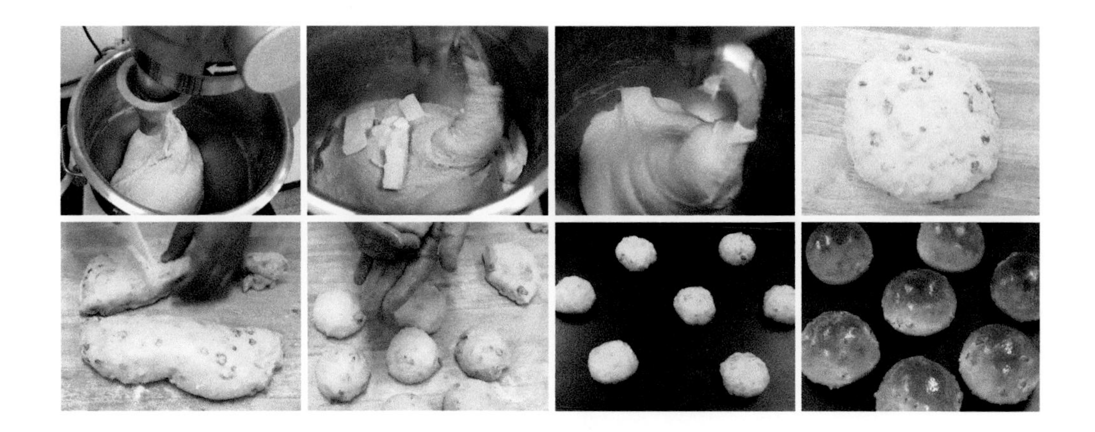

5 성형하여 재둥글리기 한다.

6 8~9개씩 팬닝한다.

7 50~60분 동안 2차 발효한다.

8 200~210/150℃ 오븐에서 12~13분 굽는다.

건과류 모닝빵

반죽(g)

코끼리 강력분	1,000
설탕	180
소금	18
분유	20
개량제	10
피트 버터	120
달걀	100
이스트	25
물	380~400
우유	100

제조 공정

1 건포도, 무화과, 크랜베리, 오렌지 필에 럼을 넣고 숙성한다.
2 믹싱 볼에 모든 재료를 넣고 100% 믹싱한 다음, 전처리한 건과류를 넣고 저속으로 가볍게 섞는다.
3 50~60분 동안 1차 발효한다.
4 반죽을 100g씩 분할한다.
5 10~15분 동안 중간 발효한다.

전처리(g)

건과류	200
럼	적당량

6 성형하여 재둥글리기 한다.

7 8~9개씩 팬닝한다.

8 50~60분 동안 2차 발효한다.

9 200~210/150℃ 오븐에서 12~13분 굽는다.

롤치즈 모닝빵

반죽(g)

코끼리 강력분	1,000
설탕	180
소금	18
분유	20
아빵드 DHpro	10
피트 버터	120
달걀	100
이스트	25
물	380~400
우유	100
롤치즈	190

제조 공정

1. 믹싱 볼에 롤치즈를 제외한 모든 재료를 넣고 100% 믹싱한 다음, 롤치즈를 넣고 저속으로 가볍게 섞어준다.
2. 50~60분 동안 1차 발효한다.
3. 반죽을 100g씩 분할한다.
4. 10~15분 동안 중간 발효한다.

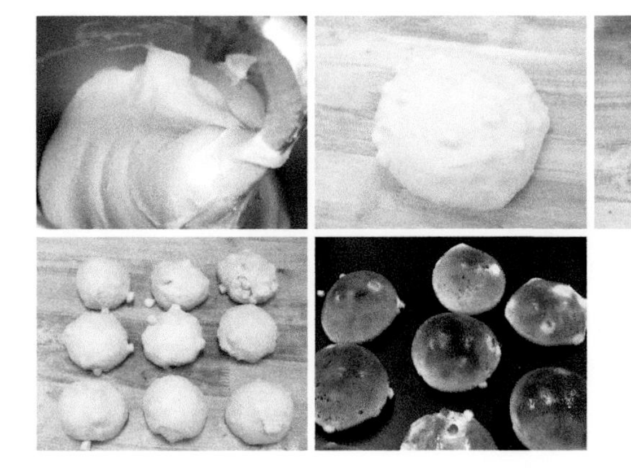

5 성형하여 재둥글리기 한다.

6 8~9개씩 팬닝한다.

7 50~60분 동안 2차 발효한다.

8 200~210/150℃ 오븐에서 12~13분 굽는다.

더블배기 모닝빵

반죽(g)

코끼리 강력분	1,000
설탕	180
소금	18
분유	20
아빵드 DHpro	10
피트 버터	120
달걀	100
이스트	25
물	380~400
우유	100
팥배기	100
완두배기	100

제조 공정

1 믹싱 볼에 배기를 제외한 재료를 넣고 100% 믹싱한 다음, 배기를 넣고 저속으로 가볍게 섞는다. 이때, 믹싱을 오래 하면 배기가 으깨지므로 주의한다.

2 50~60분 동안 1차 발효한다.

3 반죽을 100g씩 분할한다.

4 10~15분 동안 중간 발효한다.

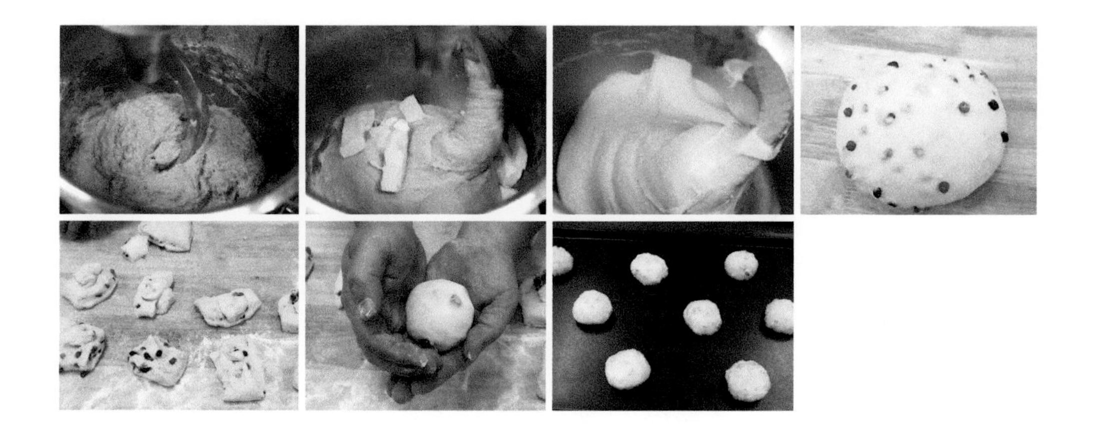

5 성형한 다음, 재둥글리기 한다.

6 8~9개씩 팬닝한다.

7 50~60분 동안 2차 발효한다.

8 200~210/150℃ 오븐에서 12~13분 굽는다.

바게트 식빵

반죽(g)

코끼리 강력분	1,000
소금	20
아뺑드 DHpro	10
이스트	30
물	580~620

제조 공정

1 믹싱 볼에 전 재료를 넣고 100% 믹싱한다.

2 50~60분 동안 1차 발효한다. 발효 30분 후 펀치한 다음, 다시 발효한다.

3 270g씩 2개로 분할한다.

4 10~15분 동안 중간 발효한다.

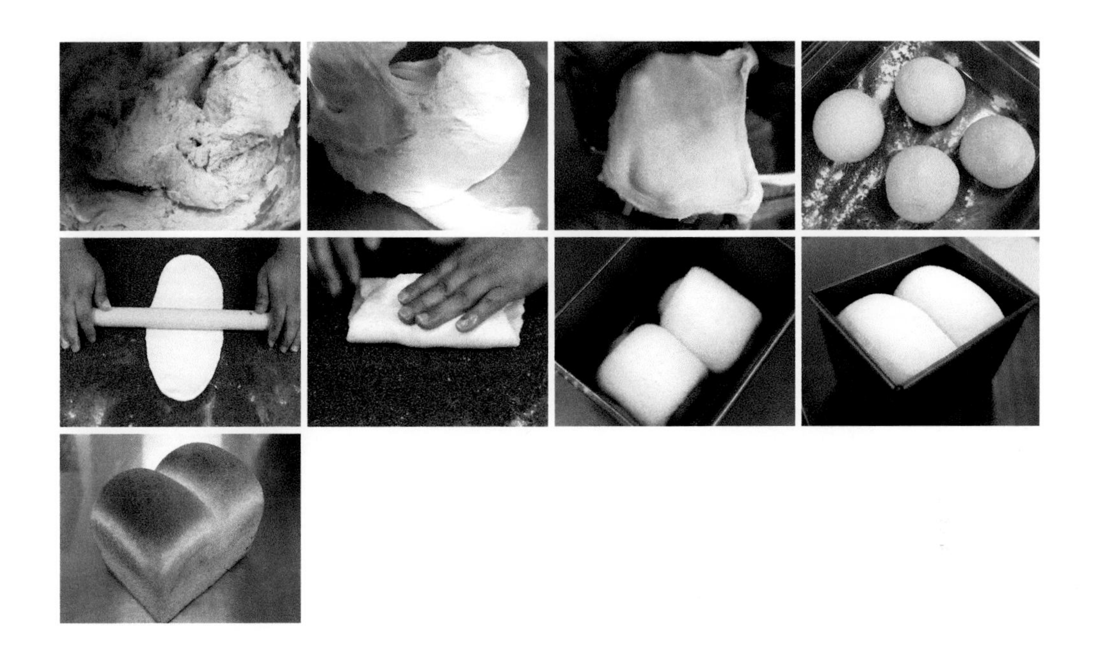

5 식빵을 성형한다. (밀기→말기→접기→봉하기)

6 풀먼팬에 반죽 2개를 팬닝한다.

7 50~60분 동안 2차 발효한다.

8 180~185/200~205℃의 오븐에서 35~37분 굽는다.

검은콩 두유배기 식빵

반죽(g)

코끼리 강력분	1,000
설탕	90
소금	20
분유	24
아빵드 DHpro	10
피트 버터	80
달걀	50
이스트	30
물	300~320
검은콩 두유	300
팥배기	100
완두배기	100

제조 공정

1. 믹싱 볼에 배기를 제외한 재료를 넣고 100% 믹싱한 다음, 배기를 넣고 가볍게 섞는다. 배기는 믹싱을 최소화하여 고루 섞는다.
2. 50~60분 동안 1차 발효한다.
3. 280g씩 2개로 분할하고 크림치즈 필링을 40~50g씩 충전한다.
4. 10~15분 동안 중간 발효한다.

충전물(g)

크림치즈	적당량

5 식빵을 성형한다. (밀기→크림치즈 넣기→말기→접기→봉하기)

6 풀먼팬에 반죽을 2개 팬닝한다.

7 50~60분 동안 2차 발효한다.

8 180~185/200~205℃의 오븐에서 35~37분 굽는다.

할라피뇨 롤치즈 식빵

반죽(g)

코끼리 강력분	1,000
설탕	90
소금	20
분유	24
아빵드 DHpro	10
피트 버터	80
달걀	50
이스트	30
물	560~580
다진 할라피뇨	120
롤치즈	100

제조 공정

1 믹싱 볼에 충전물을 제외한 전 재료를 넣고 100% 믹싱한 다음, 물기를 제거한 다진 할라피뇨, 롤치즈를 넣고 가볍게 섞는다.

2 50~60분 동안 1차 발효한다.

3 280g씩 2개 분할한다.

4 10~15분 동안 중간 발효한다.

5 식빵을 성형한다. (밀기→분할 반죽 1개당 햄 1장, 치즈 1/2 장 넣고 접기→말기→접기→봉하기)

6 풀먼팬에 반죽 2개를 팬닝한다.

7 50~60분 동안 2차 발효한다.

8 180~185/200~205℃ 오븐에서 35~37분 굽는다.

올리브 식빵

반죽(g)

코끼리 강력분	1,000
설탕	90
소금	20
분유	24
아뺑드 DHpro	10
피트 버터	80
달걀	50
이스트	30
물	560~580
블랙 올리브	200

제조 공정

1 믹싱 볼에 올리브를 제외한 재료를 넣고 100% 믹싱한 다음, 물기를 제거한 올리브를 넣고 가볍게 섞는다.

2 50~60분 동안 1차 발효한다.

3 280g씩 2개 분할한다.

4 10~15분 동안 중간 발효한다.

5 식빵을 성형한다. (밀기→1개당 롤치즈 20g을 넣고 성형하기 →말기→접기→봉하기)

6 풀먼팬에 반죽을 2개 팬닝한다.

7 50~60분 동안 2차 발효한다.

8 180~185/200~205℃ 오븐에서 35~37분 굽는다.

건과류 트위스트 오토리즈법

반죽(g)

아뺑드 T-55	1,000
물	680~700
드라이 이스트	5
소금	18
추가 물	30

제조 공정

1 건포도, 무화과, 크랜베리, 오렌지 필에 럼을 넣고 숙성한다.

2 믹싱 볼에 아뺑드 T55, 물, 드라이 이스트를 넣어 믹싱하고 1시간 발효한 다음, 소금을 넣어 섞는다.

3 믹싱하면서 추가 물을 조금씩 넣어 믹싱한 다음, 건과류를 넣고 섞는다.

4 30~40분 동안 1차 발효한다.

5 반죽을 밀대로 밀어 넓게 편다.

전처리(g)

건과류	350
럼	적당량

6 10~15분 동안 중간 발효한다.

7 길게 자른 후 트위스트 모양으로 만든다.

8 50~60분 동안 2차 발효한다.

9 220~230/200~210℃ 오븐에서 스팀 주고, 18~22분 굽는다.

월넛 크랜베리 트위스트 오토리즈법

반죽(g)

아뺑드 T-55	1,000
물	680~700
드라이 이스트	5
소금	18
추가 물	30

제조 공정

1 크랜베리는 럼에 절이고, 호두 반태는 삶은 후에 구워서 다져 사용한다.

2 믹싱 볼에 아뺑드 T-55, 물, 드라이 이스트를 넣어 믹싱한 다음, 1시간 동안 발효한다. 반죽에 소금을 넣고 추가 물을 조금씩 넣어 가면서 믹싱하다가 호두와 크랜베리를 넣고 섞는다.

3 30~40분 동안 1차 발효한다.

4 반죽을 넓게 밀어서 편다.

전처리(g)

호두	180
크랜베리	200

5 10~15분 동안 중간 발효한다.

6 반죽을 길게 자른 후 트위스트 모양으로 성형한다.

7 50~60분 동안 2차 발효한다.

8 220~230/200~210℃ 오븐에 스팀을 주고 18~22분 굽는다.

올리브 롤치즈 트위스트 오토리즈법

반죽(g)

아뺑드 T-55	1,000
물	680~700
드라이 이스트	5
소금	18
추가 물	30
블랙 올리브	180
롤치즈	200

제조 공정

1 믹싱 볼에 아뺑드 T-55, 물, 드라이 이스트를 넣고 믹싱한 다음, 1시간 발효한다.

2 반죽에 소금을 넣고 추가 물을 조금씩 넣어 가면서 믹싱한 후 롤치즈와 올리브를 넣고 섞는다.

3 30~40분 동안 1차 발효한다.

4 반죽을 넓게 밀어서 편다.

5 10~15분 동안 중간 발효한다.

6 반죽을 길게 자른 후 트위스트 모양으로 성형한다.

7 50~60분 동안 2차 발효한다.

8 220~230/200~210℃ 오븐에 스팀 준 다음, 18~22분 굽는다.

A Pain de

프랑스 정통의 맛을 전하는 고품질 밀가루
아뺑드 A Pain de

국내 베이커리 산업의 수준과 퀄리티가 세계 시장에 발맞춰 빠르게 성장하는 동안 자연스럽게 빵의 본고장인 프랑스 제빵에 대한 니즈가 함께 증가하자 대한제분은 이를 충족시킬 프랑스 밀가루 전문 브랜드 아뺑드를 탄생시켰습니다.

프랑스어로 '빵(Pain)'이란 의미 그 자체인 아뺑드는 일반 밀가루와 달리 바게트, 깜빠뉴, 치아바타 등 하드한 계열의 유럽 스타일 제과 제빵에 적합한 고품질의 밀가루 제품과 재료들을 선보입니다.

지난 70여 년 동안 축적해 온 대한제분만의 기술력과 노하우가 집약된 만큼 아뺑드는 더 맛있고 믿을 수 있는 제품들로 즐거운 베이킹의 세계로 인도합니다.

ABOUT A PAIN DE

브랜드 출시	2020년
원산지	국내산
보관 방법	상온 보관
소비 기한	12개월
주요 품목	밀가루

INTERNATIONAL CERTIFICATE

HACCP 인증 FSSC 22000 인증

※ 제품별 인증 및 수상 내역은 상이합니다.

Why A Pain de?

프랑스 빵의 맛을 완성하는 고품질의 밀가루

딱딱한 겉과 부드러운 속이 어우러져 거칠면서도 바삭하고 쫄깃한 프랑스 빵 특유의 식감과 담백한 맛을 완성합니다.

베이킹의 성공률을 높이는 우수한 볼륨감과 작업성

국내보다 더 세분화된 프랑스 밀가루의 기준에 맞춰 개발 및 생산될 뿐 아니라 베이킹의 성공률을 높여 줍니다.

우리나라 제분 업계를 선도하는 대한제분의 우수한 기술력

1952년 이후 지금까지 70여 년 동안 국내 제분 업계를 선도해 온 대한제분이 직접 개발 및 생산하여 믿을 수 있습니다.

HACCP 인증으로 입증된 엄격한 품질 관리

아뺑드 밀가루 제품은 까다롭고 위생적인 공정 관리로 국내 식품의약품안전처로부터 안전한 식품임을 인정받았습니다.

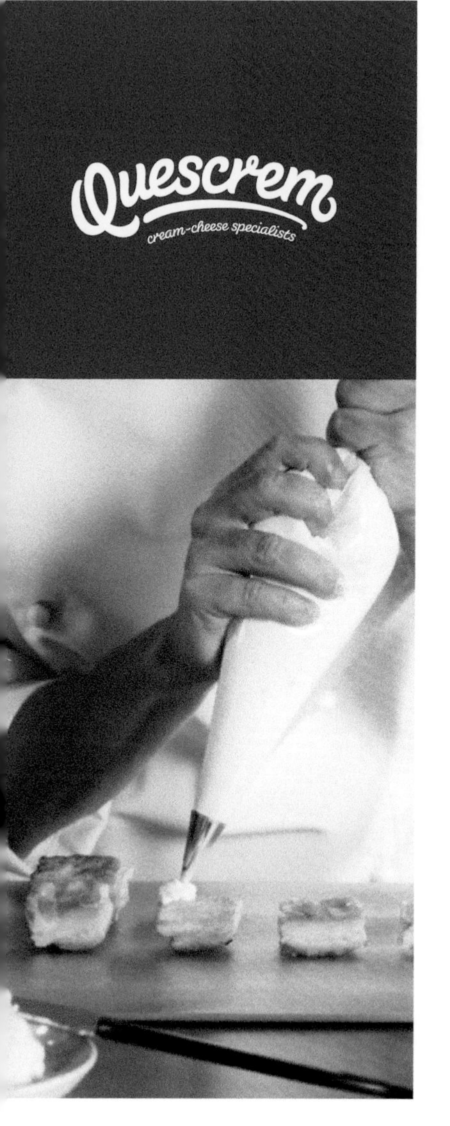

크림치즈의 새로운 기준

퀘스크렘 Quescrem

퀘스크렘(Quescrem)은 스페인어로 '치즈'를 뜻하는 '퀘소(Queso)'와 크림을 뜻하는 '크레마(Crema)'가 합쳐진 의미로, 크림치즈에 특화된 스페인 유제품 브랜드입니다.

스페인 최대 우유 생산지 갈리시아의 산티아고 대학 치즈 메이커들이 "크림치즈의 혁신을 보여 주자"는 모토로 탄생시킨 만큼, 꾸준한 투자와 기술 개발을 통해 혁신적이고 차별화된 크림치즈 제품을 선보이고 있습니다.

유럽을 비롯한 각국의 공인 기관으로부터 품질과 관리에 대한 인증을 받고, 40여 개국에 제품을 수출하는 퀘스크렘은 세계적으로 신뢰받는 크림치즈 전문 브랜드입니다.

ABOUT QUESCREM

브랜드 출시	2006년
원산지	스페인
보관 방법	냉장 보관
소비기한	9개월
주요 품목	크림치즈, 마스카포네

INTERNATIONAL CERTIFICATE

※ 제품별 인증 및 수상 내역은 상이합니다.

Why Quescrem?

스페인 갈리시아의 신선한 원유 사용

유럽에서도 손꼽히는 목초지인 스페인 갈리시아(Galicia)에서 초지 방목하여 생산 공장 반경 20km 내에서 집유한 갈리시아 원유로만 만들어 더욱 신선합니다.

버터밀크로 만든 뛰어난 맛과 작업성

지방 함량은 낮고 단백질 함량은 높은 버터밀크(Butter Milk)를 주원료로 사용하여 더욱 부드럽고 크리미한 텍스쳐를 자랑합니다. 휘핑, 믹싱 작업에도 탁월하고 소스, 무스 등으로 활용하기에도 좋습니다.

자연 치즈의 뛰어난 풍미와 식감

퀘스크렘은 자연 치즈 특유의 신선한 산미와 부드럽게 퍼지는 식감을 자랑합니다. 고소하고 상큼한 풍미가 균형을 이루며 다양한 식재료와 어우러져 여러 가지 레시피에 활용 가능합니다.

차별화된 크림치즈 제품 라인업

다채로운 맛의 제품뿐만 아니라 유기농, 락토스 프리, 전문 제빵용 등 소비자의 기호와 필요에 따라 선택할 수 있는 다양한 제품을 선보이고 있습니다.

프랑스산 정통 자연 발효 버터

피트 FIT

피트는 1990년부터 프랑스 및 유럽을 중심으로 글로벌 네트워크를 구축하여 버터, 크림, 치즈 등의 유제품을 전문적으로 유통하고 있습니다.

피트의 발효 버터 제품은 프랑스 북부의 대표적인 낙농 지역인 솜므(Somme) 주에서 생산합니다.

유크림과 유산균 외에 별도 보존료나 첨가물을 사용하지 않고 프랑스 전통 방식으로 자연 발효시킨 피트 발효 버터는 풍부한 풍미와 부드러운 질감, 대량 생산과 소량 수작업 모두에 뛰어난 적용성을 자랑합니다.

ABOUT FIT

브랜드 출시	1990년
원산지	프랑스
보관 방법	냉동 보관
소비기한	24개월
중량	10kg (5kg x 2개), 500g
주요 품목	버터

INTERNATIONAL CERTIFICATE

IFS Food 인증 코셔(Kosher) 인증 할랄(Halal) 인증

※ 제품별 인증 및 수상 내역은 상이합니다.

무첨가 천연 발효 버터

피트 버터는 유크림과 유산균 외에 별도의 보존료나 첨가물을 넣지 않습니다. 프랑스 전통 방식으로 만든 천연 발효 버터 '피트'는 풍부한 풍미와 부드러운 질감으로 요리에 맛과 향을 더합니다.

고품질 프랑스산 버터

피트 발효 버터는 프랑스 북부에 위치한 솜므(Somme) 주에서 만듭니다. 버터 강국 프랑스의 오랜 제조 노하우와 풍미를 담은 고품질 프랑스산 버터의 매력을 그대로 느낄 수 있습니다.

Why Fit?

24개월 소비기한과 다양한 포장 단위

24개월의 긴 소비기한과 500g, 5kg 단위로 포장되어 있어 구매 후 보관 및 관리에 용이하고 사용 목적에 맞게 소분하여 편하게 활용할 수 있습니다.

국제적으로 검증된 품질과 서비스

엄격한 기준과 검사 속에 관리되고 있는 피트 버터는 제품의 안정성과 깨끗함을 국제적으로 인정받았으며, 전 제조 과정을 추적 가능하여 더 믿을 수 있습니다.

스페인 갈리시아를 대표하는 유제품 브랜드

라르사 Larsa

스페인 북서부의 갈리시아(Galicia) 지방은 높은 산맥과 숲, 해안선으로 둘러싸인 천혜의 자연환경을 자랑하는 유럽 대표 청정 목초지입니다.

라르사는 갈리시아 지역만의 자연 친화적이고 전통적인 방목 방식으로 우유, 휘핑크림, 치즈, 요구르트 등 고품질의 유제품을 생산하고 있습니다.

현재 라르사가 운영 중인 지역 농장은 약 425곳으로, 엄격한 기준과 철저한 관리 감독 하에 가축의 스트레스를 최소화하는 이상적인 방목 환경을 유지하고 있습니다.

"스트레스 없이 건강하게 자란 젖소에게서 최고의 원료를 얻을 수 있다"라는 철학을 60여 년간 고수해 온 라르사는 스페인 대표 유제품 브랜드입니다.

ABOUT LARSA

브랜드 출시	1933년
원산지	스페인
보관 방법	냉장 보관
소비기한	9개월
주요 품목	휘핑크림

오랜 전통의 스페인 대표 유제품 브랜드

1933년 가족 농장으로 시작한 라르사는 1997년 스페인 유제품 그룹 Capsa Food에 합병되었으며, 오늘날 약 425개의 지역 농장을 보유한 스페인 갈리시아의 대표 유제품 브랜드로 성장했습니다.

뛰어난 맛과 풍미, 우수한 품질과 합리적인 가격

라르사의 유제품은 맛과 풍미가 뛰어난 갈리시아 원유의 우수한 품질을 그대로 담고 있으며, 생크림에 가까운 내추럴한 풍미를 가져 다양한 레시피에 활용 가능합니다.

Why Larsa?

성공률을 높여 주는 우수한 작업성

유지방 분리 현상이 거의 없는 라르사 휘핑크림은 빠르고 안정적으로 휘핑을 완성시켜 다양한 디저트 작업에 안성맞춤입니다.

뚜껑으로 열고 닫아 더 위생적이고 편리한 보관

자르거나 밀봉이 어렵지 않도록 캡 뚜껑 타입으로 만들어져 사용과 보관이 매우 편리하며 한층 위생적으로 관리할 수 있습니다.

Profile

박종원

엉뚱한쉐프 카페 베이커리 컨설팅 대표
세종대학교 산업대학원 호텔관광외식경영학 석사
대한민국 제과기능장
직업능력개발 훈련교사 2급
한국관광대학교 겸임교원
유원대학교 겸임교원
충청남북도 지방기능경기 심사위원
과정평가 국가기술자격 심사위원
한국산업인력공단 충남지사 표창장
베이커 마스터팀 챔피언십 장관상
우리쌀빵 기능경진대회 금상

오동환

한국관광대학교 호텔제과제빵과 전임교수
경기대학교 외식조리관리 관광학 석사
대한민국 제과기능장
Coup du monde de la Pâtisserie 대한민국 국가대표
SPC Samlip 식품기술연구소 근무
프랑스 Ecole Lenotre 장학생
한국산업인력관리공단 제과 · 제빵기능사/기능장 감독위원
지방기능경기대회 심사위원 및 심사장
SIBA 최우수상 식품의약품안전처장상
고용노동부장관상
중소벤처기업부장관상

강소연

한국관광대학교 호텔제과제빵과 겸임교수
두원공과대학교 호텔 · 조리계열 제과제빵과 겸임교수
백석문화대학교 호텔외식조리학부 제과제빵과
세종대학교 산업대학원 호텔관광외식경영학 석사
대한민국 제과기능장
혜전대학교 제과제빵과 외래교수
한국호텔관광교육재단 근무
직업능력개발훈련교사 2급
제과제빵기능사 실기 심사위원
지방기능경기대회 심사위원
베이커리페어 심사위원
대한제과협회 기술지도위원
Ecole Bellouet Conseil 연수

정성모

쉐프스토리 대표
대한민국 제과기능장
Coup du Monde de la Pâtisserie 대한민국 국가대표
대한민국 프로제빵왕 금메달
대구음식산업대전 초콜릿 금메달
기능경기대회 은메달

윤두열

순수베이커리 대표
구미대학교 호텔조리제빵바리스타학과 베이커리 겸임교수
Round · Round 베이커리 총괄 Chef
대구가톨릭대학교 의료보건산업대학원 외식산업학석사
대한민국 제과기능장
우리쌀빵기능경진대회 금메달 농촌진흥청장상
우리쌀빵기능경진대회 최우수상 농림식품부장관상

이득길

(주)베이커리가루 대표
대한민국 제과기능장
강원도립대학 바리스타 제과제빵학과 외래교수
대원대학교 제과제빵학과 외래교수
대한제과협회 대외협력위원
동경제과학교 연수
한국산업인력관리공단 제과 · 제빵기능사 감독위원
크림치즈 경연대회 수상
국제빵과자 경연대회 대형 초콜릿 공예 부문 최우수상
국제요리&제과 경연대회 농림축산식품부장관상 대상

저자와의
합의하에
인지첩부
생략

제과기능장의 명품 브레드 마스터 클래스

2025년 1월 5일 초판 1쇄 인쇄
2025년 1월 10일 초판 1쇄 발행

지은이 박종원·오동환·강소연
정성모·윤두열·이득길
펴낸이 진욱상
펴낸곳 (주)백산출판사
교 정 박시내
본문디자인 신화정
표지디자인 오정은

등 록 2017년 5월 29일 제406-2017-000058호
주 소 경기도 파주시 회동길 370(백산빌딩 3층)
전 화 02-914-1621(代)
팩 스 031-955-9911
이메일 edit@ibaeksan.kr
홈페이지 www.ibaeksan.kr

ISBN 979-11-6567-960-6 13590
값 16,000원